学习树研究发展总部 编著

顽皮动物奇妙世界

海峡出版发行集团 | 福建科学技术出版社
THE STRAITS PUBLISHING & DISTRIBUTING GROUP | FUJIAN SCIENCE & TECHNOLOGY PUBLISHING HOUSE

生活，真的处处都是我们学习的好场景！即使是一只小蚂蚁！

在这套“学习树”读本中，整体架构以树的概念来编写，“树根”“树干”——提供最基础的知识，扎根之后基础知识也稳固了，接着根据不同年龄层的特点提供不同的养料，让孩子可以向上发展成“树枝”和“树叶”。不同形式的表现内容（图文式、漫画式、图解式等），就如同珍贵的养分，针对“树种”的特质（孩子的差异）需求给予适当的补充，在阅读的过程中，孩子就可以自我学习，自我解惑，也因此增进学习兴趣。

相信您的孩子会爱不释手，而且它也是很有意义的科普读物。

编者的话
小朋友们大家好！我是小伍！
你好！我是小岚！

在这个发展迅速、全球人文共融的世界中，我们常常有许多的疑问，但却不知道该去哪里寻找解答。这套“学习树”读本，就是希望通过生活周围观察到的人、事、物，以轻松阅读的方式，让我们知道平常在学校所学到的，其实是可以与我们的生活密切结合的。你我其实就和“学习树”系列中的主人公“小伍”跟“小岚”一样，通过在生活中的提问，寻找到许许多多除了答案以外更有价值的事物，让它们成为我们的养分，使我们像树一样渐渐地茁壮成长。

亲爱的小朋友，你们是这个世界的未来，我们平日在学校所学的知识，不仅是为了考试的需求，更该应用在我们的生活中，成为身上带不走的技能。因此，我们需要开拓视野，看见世界的美好。就让我们一起进入“学习树”的有趣故事，跟着“小伍”和“小岚”，探索奇妙的世界吧！

使用方法

“学习树”是依据义务教育课程规划而设计的。它是一套寓教于乐的读本，强调“分级阅读、适性学习”，囊括“语文、健康与体育、社会、艺术与人文、数学、自然生活与科技”等六大学习领域，并依据各领域、各科目的不同属性，以不同的形式呈现。

树的概念

每个领域都有各自不同的学习“树”，由“树根”“树干”向上发展为“树枝”和“树叶”。孩子们的学习历程就如同“学习树”一般逐次向上发展，并依据不同年龄层，由简而繁，在学习的过程中快乐成长。

分级阅读·适性学习

“学习树”的内容除了深浅难易分级外，同一主题也会有不同表现形式，如图文式、漫画式、图解式、问答式等，可以配合孩子的学习习惯或目的，灵活选用，以激发学习兴趣，克服学习难点。

学习树的特色

“学习树”除了给孩子提供课本以外的学习内容，还配合课纲，跟学校课程相结合，让孩子更深、更广地将学校所学的知识，与生活中的事物相结合，把它们转化为自己的能力。这种学习方式绝对是陪伴孩子成长的最佳选择。

目录

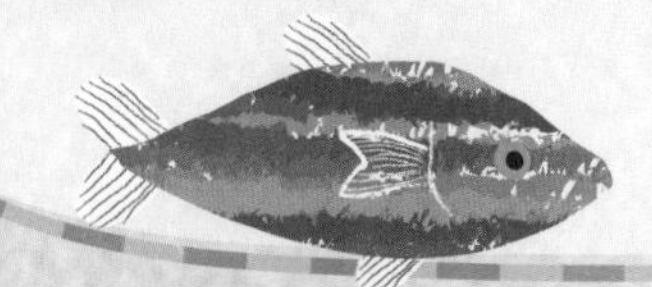

我也好
想看！

鱼儿为什么不用睡觉？

“这么晚了，那几条鱼为什么靠着水底不动，眼睛又睁这么大，怎么不去睡觉呢？”如果观察水族箱里的鱼，会发现不管时间有多晚，它们的眼睛都睁得又大又亮的，难道鱼不用睡觉吗？还是它们的精神比人类好？其实，无论什么动物都需要休息，才有办法恢复身体的能量，这是动物成长过程中很重要的一部分。

不过因为鱼没有眼睑，也就是平常说的眼皮，所以不像大部分的动物那样可以眼睛闭起来睡觉。如果发现鱼游

不同的鱼睡觉的方式也不一样，像鹦鹉鱼的身体会分泌一种胶状的物质，用来制造泡泡，把整个身体包起来。泡泡碰到水之后会变硬，待在里面睡觉就不怕遇到攻击，感觉像是挂着蚊帐睡觉，特别香甜安稳！

的速度很慢甚至只在原地飘浮，很可能它就是在睡觉！它们通常没有固定睡觉的“窝”，游到适合的地方，就会停下来小睡一下！

学习小天地

蝙蝠一天的睡觉时间长达 20 小时，但长颈鹿一天只睡不到 2 小时！因为蝙蝠大多待在洞穴里休息，一般不会遇到危险；而长颈鹿生活在草原上，随时随地都有危险，所以它们的睡眠时间短，警戒时间长。

学习目标

动物的构造与功能

描述陆生及水生动物的形态及其运动方式，并知道水生动物具有适合水中生活的特殊构造。

为什么鱼能生活在咸咸的海水里？

在海里游泳如果不小心喝到海水，嘴巴马上会觉得又咸又苦；要是喝进太多的话，身体就会吸收过量的盐分，流失更多的水，让人全身都不舒服。既然海水这么咸，海里面的鱼为什么还能悠游自在，完全不怕会吸收过多的盐分呢？这些海水鱼究竟是怎么办到的？

原来，海水鱼都有神奇的能力，身体里像是装了一台独一无二的淡化机一样，可以维持体内盐分跟水分的平衡。它们用来呼吸的“鳃”就像是一位守门员，尽忠职守

知识补给站

鱼对盐分的适应力，可以分成广盐性和狭盐性：狭盐性的鱼，水的盐度过高或过低都会死亡；广盐性的鱼，在淡水跟咸水中都能生活。罗非鱼就是生命力强的广盐性鱼类最佳代表！

地阻挡过多的盐分进入体内，让它们可以把水跟盐分分开，只吸收足够的水，却适当地把过多的盐分留在身体之外。鱼在咸咸的海水里生长，吃起来却一点也不咸，就是因为这个关系！

学习小天地

海水鱼通常富含营养，因为海水中的盐让海水鱼体内的矿物质、维生素含量高，加上游泳范围广，所以肉质比较有弹性。但鱼类通常都有寄生虫，煮熟再吃比较好；想吃生鱼片，保鲜跟处理的过程一定要非常谨慎。

学习目标

<u>动物的构造与功能</u>

描述陆生及水生动物的形态及其运动方式，并知道水生动物具有适合水中生活的特殊构造。

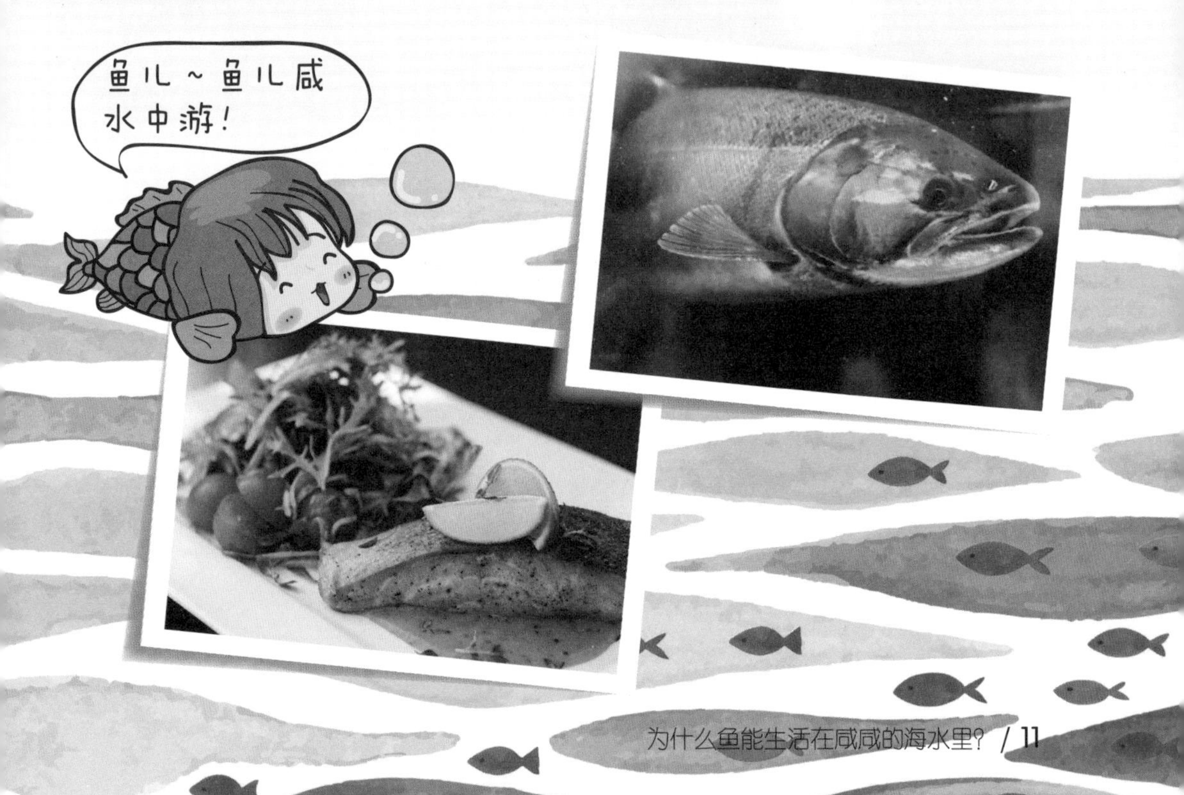

Why?

鲸鱼为什么要喷水？

爸爸，你看鲸鱼在喷水呢！

可是为什么它们要喷水啊？
鲸鱼也是用肺呼吸，潜水十几分钟就得浮出水面换气。它们从身体喷出的温暖气体，遇到冷空气会凝结成水滴，看起来就像喷水！

鲸鱼常常一分钟会呼吸 5~6 次，吸饱后鲸鱼就会再潜入海里了！

哈哈，我还以为是感冒打喷嚏了！

知识补给站

鲸鱼跟人类一样是哺乳动物。它们的祖先也是陆地上的哺乳动物，后来经过演化慢慢适应水中的环境，因而到海中生活。一般来说鲸鱼可以活40~90年，目前世界上最大的哺乳动物是蓝鲸，身体最长可以长到30米呢！

学习小天地

鲸鱼妈妈通常一次只生一只鲸鱼宝宝。鲸鱼宝宝出生之后，会跟着妈妈一起生活一年左右。鲸鱼宝宝也是喝母乳长大的，鲸鱼妈妈会把乳汁喷射到宝宝的嘴里，而小鲸鱼会自动将海水跟母乳分开，不会喝进一堆海水。

学习目标

动物的构造与功能

描述陆生及水生动物的形态及其运动方式，并知道水生动物具有适合水中生活的特殊构造。

比目鱼的双眼天生就长在同一侧吗？

“你看！扁扁的比目鱼贴在水底，颜色几乎跟沙子一样，差点儿找不到它！”参观水族馆时常会听到这句话。说到比目鱼，相信大家一定知道它们的眼睛是长在同一边的，但迪斯尼电影《小美人鱼》里，爱丽儿的好朋友“小比目鱼”，眼睛为什么却长在两边呢？

其实，比目鱼刚出生的时候，眼睛和大多数的鱼一样是分别长在两边的，它们也会在靠近海面的地方游泳、玩乐。慢慢长大后，它们的构造出现变化，身体越长越扁，

知识补给站

当比目鱼躺在海底时，面向上方的那一侧通常是棕灰色，跟海底沙子的颜色很接近，是保护色的效果，防止被其他的生物发现、捕食。眼睛长在同一侧，它躺在海底的时候，就不会有一只眼睛埋进沙子里了。

眼睛也慢慢地移到同一侧生长，它们不能再用原来的方式游泳，所以只好往下潜，贴着海底生活。《小美人鱼》里的小比目鱼还是小宝宝的阶段，等长大一点，它就不会是这种圆滚滚的可爱模样了！

学习小天地

不只是比目鱼，很多生物也会利用保护色来躲避其他生物的猎捕。例如，有些蝴蝶不像其他蝴蝶一样五彩缤纷，它们的翅膀跟树干一样是咖啡色，这样当它们停在树干上的时候，就不容易被发现。

学习目标　**生命的共同性**

观察生物成长的变化历程。

珊瑚是植物还是动物？

欣赏某些介绍海底生物的电视片或电影时，常会看见许多奇形怪状、五颜六色的珊瑚分布在海底，它们看起来像美丽的装饰品，也有人觉得像矿物，更有人说应该是海里的某种植物。小朋友们觉得它们是什么呢？其实，珊瑚的主体是动物！你们答对了吗？

世界上的珊瑚种类很多，拥有触手的小珊瑚虫们成群结队地聚在一起生长，以捕捉水中的浮游生物维生。它们

知识补给站

珊瑚生长得很缓慢，每年大约只长高 1 厘米，超过 50 厘米高的珊瑚通常都很老了。如果珊瑚遭到破坏，要长回同样的高度非常困难，所以我们要好好维护海洋环境，保护珊瑚，不要让辛苦长大的它们被破坏。

大部分都喜欢在水质干净，而且温暖的海域生活。它们在死亡、身体腐烂以后，剩下的骨骼遗留下来，并且慢慢累积，逐渐形成不同形状的珊瑚。因为有些形状看起来像树枝，所以才会常常被人误以为珊瑚是海里的一种植物！

学习小天地

每年春天，会有许多珊瑚虫把成熟的卵子跟精子排放到海中，进行体外受精，但这种方式的风险很大，不小心就会漂走。珊瑚的形状很多变，除了树枝状，还有桌面状、片状、花菜状、圆管状等。

学习目标

动物的构造与功能

描述陆生及水生动物的形态及其运动方式，并知道水生动物具有适合水中生活的特殊构造。

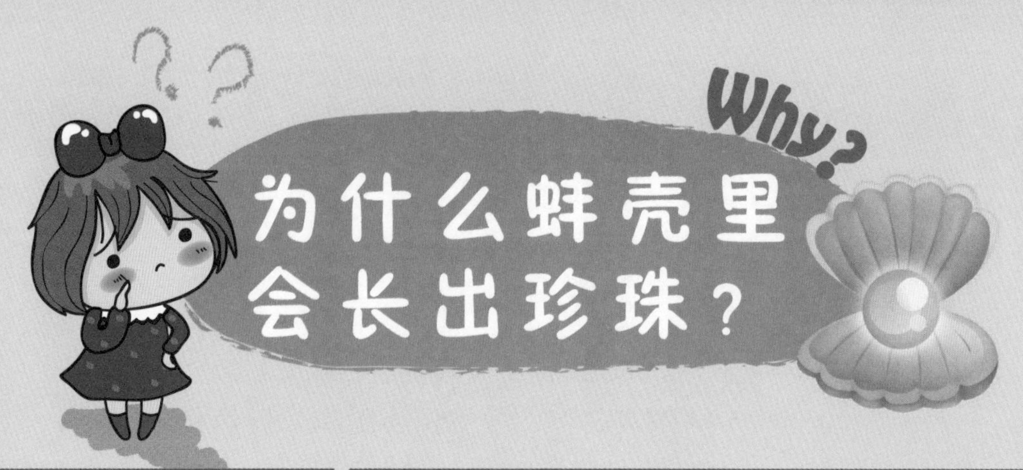

为什么蚌壳里会长出珍珠？

小岚，你看看妈妈的珍珠是不是很美啊？

好美！

妈妈，听说蚌壳里会长出珍珠，是真的吗？

是真的！沙粒或寄生虫跑进蚌壳，蚌受到刺激，会分泌一种叫珍珠质的东西，把异物包起来，之后就会形成美丽的珍珠。

形成一颗珍珠要多久呢？

不一定啦，但一般来说至少需要 2 ~ 5 年的时间，才会形成一颗比较美丽的珍珠。

珍珠果然是珍贵的珠子呀！

知识补给站

最早开始人工养殖珍珠的国家是中国，但规模最大的是日本。中国主要养殖的是淡水珍珠，产量多，但尺寸通常比较小；日本则是海水珍珠，养殖时间长，每一个蚌只能产出一颗珍珠，所以比较昂贵。

学习小天地

珍珠的颜色是因为它外表那层“珍珠质层”反射光线造成的，大多数的珍珠是白色、米黄色或淡粉色，比较特殊的有黄、绿、蓝、棕，甚至黑色。除了做成饰品之外，有些珍珠还被拿来当作保健身体的药材使用呢！

学习目标

动物的构造与功能

描述陆生及水生动物的形态及其运动方式，并知道水生动物具有适合水中生活的特殊构造。

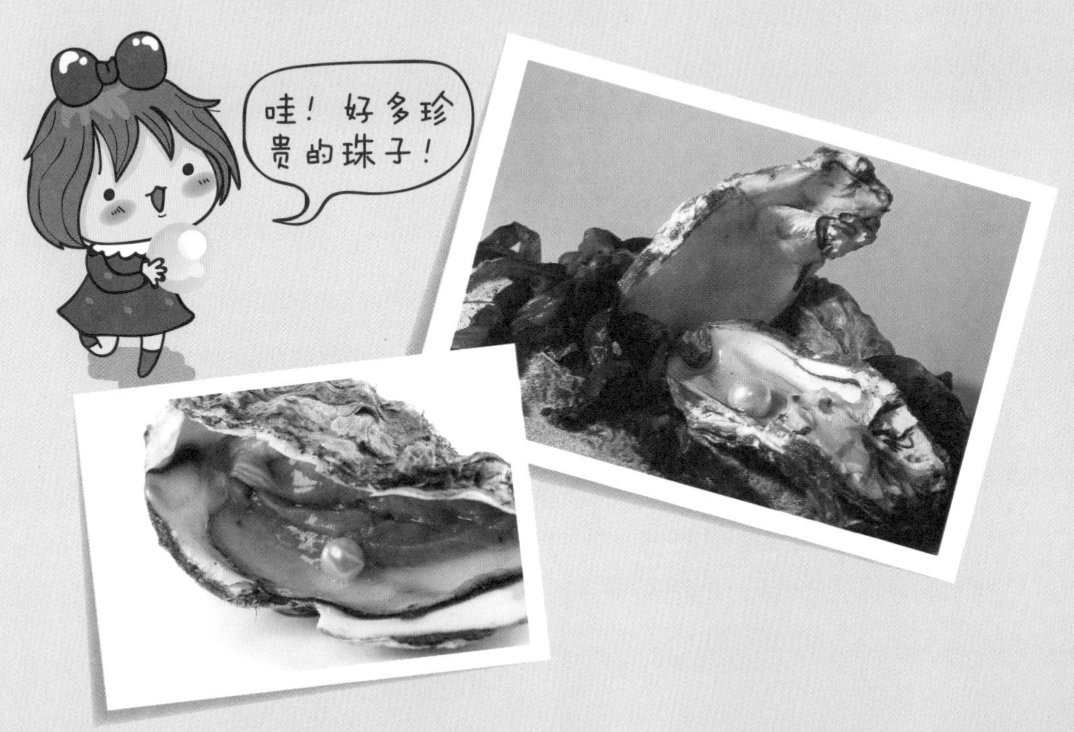

为什么海参失去“内脏”后还不会死？

海参是生活在海底的动物，没有办法像鱼一样在水中游来游去，它们行动缓慢，靠着扭动身体肌肉来慢慢前进，要是碰到敌人攻击时该怎么办呢？

海参们的逃生方法是把自己的长条状肠子丢出体外，让敌人搞不清状况，它们就能悄悄地溜走了。丢掉肠子的海参并不担心会死亡，因为它们的身体有超强的再生能力，休养一段时间就会长出新的肠子，所以它们可以靠丢

知识补给站

海参的再生能力之所以这么强大，是因为它们身体里的结缔组织，那是形成它们身体器官、维持生理功能的一群细胞和细胞间质。当身体构造受损时，结缔组织就会大量投入器官的重建工作，长出新的器官，这就是海参惊人再生能力的由来。

弃内脏来帮自己脱险。不过别忘了人类是没有这种能力的，所以请一定要好好爱护自己的身体！

学习小天地

海参会在夏天进行夏眠。进入夏天后，水温渐渐升高，浮游生物习惯会往海平面聚集，怕热的海参则不想离温热的水面太近，于是它们会往更深的海底前进，因为如此海参反而离食物越来越远，因为不容易觅食，就只好在夏天睡一觉啰！

学习目标

动物的构造与功能

描述陆生及水生动物的形态及其运动方式，并知道水生动物具有适合水中生活的特殊构造。

生物对环境刺激的反应与动物行为

知道环境的变化对动物和植物的影响（例如光、湿度等）。

可以从鱼鳞看出鱼的年纪吗？

“鱼鳞摸起来原来是硬硬滑滑的呀！”鱼出生时身上就有鳞片，就像它们的皮肤一样。随着它们的体形变大，鳞片也愈长愈多，最早长出来的鳞片最小，在最上一层，最下层的鳞片最大，是最新长出来的。

影响鳞片大小的原因，除了新旧差异之外，还有它的生长季节。在春天和夏天，鱼的生长速度较快，鳞片的面积就比较大；秋天生长速度减慢，鳞片面积也会小一些，

鱼鳞除了具有保护作用，还有其他的用途。位于鱼肚的鳞片，可以反射光源，让肉食性鱼类不容易看清楚它们的踪影；鱼鳞也可以减少鱼的身体和水的摩擦，降低游泳的阻力；鱼鳞还带有身体分泌的黏液，避免它们被轻易地抓住。

dào dōng tiān jiù jī hū tíng zhǐ shēng
到冬天就几乎停止生

zhǎng suí zhe qì hòu de biàn huà
长。随着气候的变化，

lín piàn shang xíng chéng kuān zhǎi xiāng jiàn de
鳞片上形成宽窄相间的

shēng zhǎng huán dài guān chá huán dài de
生长环带，观察环带的

shù liàng jiù kě yǐ liǎo jiě yú lèi
数量，就可以了解鱼类

de nián jì le
的年纪了！

学习小天地

鱼鳞有许多用途，但并不是所有的鱼类都有鳞片。有些鱼身体上只有部分的鳞片；有些鱼的鳞片则完全退化，鲶鱼就是其中一种。它们的身体虽然没有鳞片，但是有许多黏液，一样可以保护自己，这是它们特别的演化特征。

学习目标

生命的共同性

观察生物成长的变化历程。

动物的构造与功能

描述陆生及水生动物的形态及其运动方式，并知道水生动物具有适合水中生活的特殊构造。

Why?
螃蟹为什么
吐泡沫？

小岚跟家人去海边玩，
突然……
口吐白沫

爸爸，这只螃蟹的嘴巴附近一直冒泡泡，是生病了吗？
别担心，它只是在呼吸。

螃蟹在陆地上用鳃呼吸，待太久会呼吸困难，于是腮会不停地鼓动，吐气时从体内吐出水分跟空气，就形成泡沫喽！
我只是呼吸有困难啦！

知识补给站

螃蟹是杂食动物，主要吃海藻为生，某些种类的螃蟹也会吃微生物或昆虫。台湾招潮蟹是台湾特有的品种，吃泥沙中的有机生物，它们翻动泥沙觅食的过程刚好提供红树林良好的生长环境，真是一举两得。

学习小天地

椰子蟹是一种会爬树的螃蟹，甚至能爬到树的顶部觅食呢！它们大大的钳子能把椰子坚硬的外壳弄破，然后吃里面多汁柔软的果肉，所以被取名为椰子蟹。它们也会吃像木瓜、花生等东西，主要出现在热带地区的海岸。

学习目标

动物的构造与功能

描述陆生及水生动物的形态及其运动方式，并知道水生动物具有适合水中生活的特殊构造。

深海真的有海怪吗？

传说中，挪威深海里有种海怪叫“克拉肯”。克拉肯不动的时候像一座小岛，一动起来就会引起巨大漩涡把船吞掉。它的样子像一只巨型大章鱼，孔武有力，八只触手可以把舰船一口气拉进海底。经过多年的调查证明，深海中真的有巨大的头足类动物（章鱼或乌贼），但是体长最长不超过 20 米，离克拉肯那种体形还差得远呢。

其实海怪是人类因为对未知的恐惧而幻想出的生物，

知识补给站

海怪的模样并非空穴来风，许多深海生物总是特别巨大，一只深海螃蟹可能重达 20 千克。海底生物的营养主要来源是从上层海洋掉到海底的生物遗骸，但食物刚好掉落在附近的机会不多，所以海底生物不仅能快速移动到现场，还能一次吃比较多。不过这个说法目前只是猜测，关于深海生物还有太多疑问有待证实。

生活在陆地的人类搭船出海，面对多变的大海，幻想可能会撞见奇怪的生物导致生命受到威胁，因此才会容易捕风捉影，有所想象。

学习小天地

关于海洋生物的传说也不全都是可怕的，未知的海底世界也提供给我们许多丰富的文学养分：安徒生童话故事里用情至深的人鱼公主，《浦岛太郎》里的奢华龙王宫，《西游记》《封神榜》那法力无边的四海龙王、虾兵蟹将，甚至是《木偶奇遇记》里小木偶和木匠老爷爷最后相遇的鲸鱼肚子。

学习目标

生命的共同性

观察生物成长的变化历程。

谁是海洋中最杰出的“建筑师”？

“这个博物馆的设计真有特色，用的建材也很讲究。”说到建筑，大家马上会想到一些很美的房子，但其实海里也有，那就是珊瑚礁。

珊瑚是一种特别的生物，它们的生命旅程从珊瑚虫开始，一大群珊瑚虫聚在一起，分泌出一种称为碳酸钙的化学物质，形成一层坚硬的外骨骼，像房子的墙壁一样。珊瑚死后这个构造不会腐烂分解，于是就留下了一小间珊瑚曾住过的房间，年复一年，许多珊瑚的房间堆叠在一

知识补给站

世界上最大的珊瑚礁群位于澳大利亚东北海岸外，名为大堡礁，总长约有 2600 千米，分布总面积大约有 344400 平方千米。这么大的海底城市是由无数个珊瑚虫的房间累积而成，被视为世界上的伟大自然遗产之一，澳大利亚政府因此设立了大堡礁海洋公园来保护这片珊瑚们的心血结晶。

起，就形成壮观的珊瑚礁，所以我们称珊瑚为海洋中杰出的建筑师。

学习目标

生命的共同性

观察生物成长的变化历程。

生命的多样性

认识常见的动物和植物，并知道植物由根、茎、叶、花、果实、种子组成，知道动物外形可分为头、躯干、四肢。

学习小天地

古希腊哲学家柏拉图的著作中，曾提到一座文明高度发展的大陆“亚特兰蒂斯”，后来它不幸遭大洪水毁灭，沉入了海底。关于这座可能沉入海底的神秘城市，多数的历史学家认为它是个无法考据的神话传说，但也有部分人相信它是真正存在的。究竟真相为何，只有等待未来科学家们努力找出答案啰！

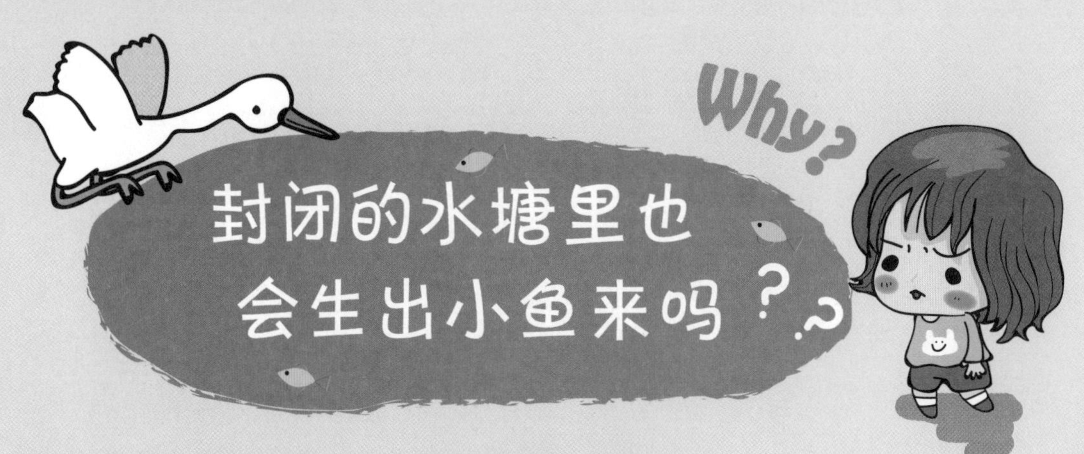
Why?
封闭的水塘里也会生出小鱼来吗？

咦
？

mā ma zhè lǐ miàn yǒu yú nán dào chí táng zì jǐ huì shēng xiǎo yú ma
妈妈，这里面有鱼，难道池塘自己会生小鱼吗？
bù shì la yǒu xiē yú de luǎn yǒu nián xìng huì nián zài shuǐ niǎo de jiǎo shang gēn zhe shuǐ niǎo fēi dào xià ge chí táng xiǎo yú jiù zài xīn de chí táng li fū huà le
不是啦！有些鱼的卵有黏性，会黏在水鸟的脚上，跟着水鸟飞到下个池塘，小鱼就在新的池塘里孵化了。

hái yǒu qí tā fāng fǎ ma
还有其他方法吗？
dà yǔ huì chǎnshēng xīn de shuǐ dào yú huì lì yòng zhè xiē shuǐ dào dào xīn de dì fang chǎn luǎn
大雨会产生新的水道，鱼会利用这些水道到新的地方产卵。
wǒ hái yǐ wéi chí táng huì shēng xiǎo yú ne
我还以为池塘会生小鱼呢！

知识补给站

鲤鱼是杂食性鱼类，对环境的适应力强，鱼卵有黏性，可以作为观赏鱼。鲤鱼可以人工饲养，这样的特性让它们成功地扩张了生活范围，原本生长在欧亚大陆的它们，如今在世界各地都看得到。

学习小天地

鱼的种类非常多，各种稀奇古怪的鱼都有，而且鱼是人们生活中非常重要的资源，除了可以观赏以外，也有很多鱼是可以食用的。像我们常吃的三文鱼、金枪鱼等，都是很好吃的鱼。鱼的营养价值很高，多吃鱼会变得更聪明，所以小朋友要多吃点鱼。

学习目标

动物的构造与功能

描述陆生及水生动物的形态及其运动方式，并知道水生动物具有适合水中生活的特殊构造。

为什么鱼背颜色深，鱼肚颜色浅？

咦？

为什么？

为什么？

知识补给站

鱼背为深色，鱼肚为浅色，这样的保护色虽然适用于多数不会离水面太远的鱼类，但在海洋中还有很多不同的情况！如与珊瑚礁共生的小丑鱼，它们身上就是鲜艳亮眼的色彩，穿梭在五彩缤纷的珊瑚礁之中，刚好就不容易被敌人发现啰！

鱼的颜色五花八门，但大部分的鱼身体的颜色都是背部偏深色，而愈接近鱼肚则颜色愈浅，为什么有这样的规律呢？

站在深一点的池塘或湖泊旁观察，从水面上方向下看，眼前的水看起来颜色深沉，因此鱼背如果是深色，就不容易被水面上的鸟类发现；相反，从水里往上看的时候，太阳光透过水面，眼前的水看起来会是一片亮白色，浅色的鱼肚能避免被猎食性的鱼类发现。总而言之，鱼背跟鱼肚的颜色都是鱼类的安全保护色！

学习小天地

为什么同样都在大太阳底下，有时从右边看过去很亮的东西，换从左边看过去却很暗呢？那是因为光线的特性，当视线和阳光的光线方向相同时，眼前所有的东西会被阳光照亮，叫作“顺光”；但当视线跟光线的方向相反，眼前的东西反而会因为阳光被挡住而变暗，这就叫作“逆光”。

学习目标

动物的构造与功能

描述陆生及水生动物的形态及其运动方式，并知道水生动物具有适合水中生活的特殊构造。

海星要怎么吃东西？

“海星怎么看起来都待在同一个地方不动啊？它会吃东西吗？”海底的海星懒懒地躺在珊瑚礁上，它们到底是吃水草还是浮游生物呢？其实海星是肉食性动物，它不像大白鲨一样可以凶猛地追逐猎物，但可以用身上布满吸盘的脚，慢慢地吸附在猎物身上，然后整个环抱住。

当海星抓住猎物后，会把胃从身体下方的嘴巴直接吐到猎物的身上，分泌消化液把猎物溶解，之后再送进身体里另一个吸收营养的胃。这样特别的进食方式，称为“体

知识补给站

海星身体下方有好几条水管系统，每一条水管都长着一团管足，管足可以吸水或喷水，海星便是靠着管足喷水来移动身体。管足的末端还有吸盘可以固定身体，或是在捕捉猎物时黏附在对手身上。所以海星并不是不会动，只是动得速度比较慢。

wài xiāo huà hǎi xīng zuì lì hai
外消化”。海星最厉害

de shì jiù lián yǒu shí pèngshàng jǐn
的是，就连有时碰上紧

bì de bèi ké tā men dōu kě yǐ
闭的贝壳，它们都可以

yòng xī pán bǎ bèi ké liǎng cè lā
用吸盘把贝壳两侧拉

kāi rán hòu bǎo cān yī dùn
开，然后饱餐一顿！

学习小天地

海星有快速的再生能力，如果它们其中一只触手被弄断，经过一段时间会再长出一只触手来，而且有些海星断掉的触手甚至还能长成另一只海星。看起来笨拙的它们，其实生命力相当强韧！

学习目标

动物的构造与功能

描述陆生及水生动物的形态及其运动方式，并知道水生动物具有适合水中生活的特殊构造。

生物对环境刺激的反应与动物行为

知道环境的变化对动物和植物的影响（例如光、湿度等）。

海里有热血的鱼儿吗？

Why?

爸，鱼都在水里游，那鱼都是冷血的吗？

不是的，像金枪鱼体温就高达 34 摄氏度，几乎跟人类一样。
为什么它们体温这么高呢？

它们游得很快，夜晚也不休息，这么大的活动量，体温便升高了！

那它们可以游多快呢？
它们最快可以游到每小时 160 千米。

知识补给站

金枪鱼就是鲔鱼，是相当受欢迎的食用鱼，因为运动量大，身体有大量的肌红蛋白，所以鲔鱼生鱼片看起来是红色的。但也因人类大量捕食，有些鲔鱼已面临绝种，为了保护鲔鱼，我们要懂得节制。这才是生物共处的长久之道。

学习小天地

金枪鱼也是热血动物！为了维持体温，它们的动脉和静脉是相邻的，血液温度就可以互相传递。这样的构造也出现在一些极地动物如企鹅的身上，有助于它们适应低温的生存环境。

学习目标

动物的构造与功能

描述陆生及水生动物的形态及其运动方式，并知道水生动物具有适合水中生活的特殊构造。

吃什么东西呢？

过去科学家认为，在阳光照不到的深层海洋里没有生物，因为植物无法在黑暗的地方生长，所以太深的海里不可能会有生物。不过科学发展到今天，我们知道即使在水面下一万多米的地方，还是有鱼类生活。

在连植物都无法生长的地方，动物们要靠什么食物维持生命呢？深海生物的食物来源分为两种：一种是在海底的温泉地热出口处，这类地方的生物，以由地球内部的能量来制造出的有机营养物质为食；另一种则是以海面沉

知识补给站

目前世界上最深的地方，是在太平洋里的马里亚纳海沟，深度约在海平面下 11000 米，这个深度超过海平面以上 8000 多米的珠穆朗玛峰。科学家曾坐进坚固的潜水器，下潜至深海海底，发现那里仍有不少生物存在。

积下来的浮游生物为食，不过这些浮游生物通常要好几周的时间才能由上层海域到达海底，可见海底的生物们要觅食不是那么容易！

学习小天地

有些深海鱼类的身体会像薄片一样，由于长期生活在深海的强大水压之下，它们的骨骼变得更细，肌肉更有韧性，外皮只有薄薄的一层，水分通透性变得更好，这样体内外的压力更容易平衡，不至于被水压挤扁。人类需靠潜水器才能下潜到那样的深度，但深海的鱼类却是以自己的身体来支撑同样的水压。

学习目标

<u>生命的共同性</u>

观察生物成长的变化历程。

<u>生命的多样性</u>

认识常见的动物和植物，并知道植物由根、茎、叶、花、果实、种子组成，知道动物外形可分为头、躯干、四肢。

鲎的血液为什么是蓝色的？

“天啊，鲎是外星动物吗？怎么血是蓝色的？”通常动物的血液是红色的，因为血细胞中含有铁，铁可跟氧结合，以此运送血液中的氧，铁与氧结合后会呈现红色，所以血液才是红色的。

鲎并不是靠铁来运送氧，而是靠血细胞中的铜来运送氧，因为铜与蛋白质的结合物为蓝色，所以鲎的血液是蓝色的。其他比较特别的还有，螃蟹的血液是青色的，冰鱼的血液是黄色的，而扇螅虫的血液甚至还会变色。这些动

知识补给站

鲎遇到对自己有害的病毒时血液会产生一种凝固蛋白，使血液快速凝固，病毒就无法在体内繁殖。人类利用鲎的血液萃取出“鲎试剂”，用来检验是否有细菌存在：如果有细菌，试剂会凝固；没有凝固就代表没有细菌，是安全的。

wù de xuè yè yán sè zhī suǒ yǐ bù
物的血液颜色之所以不

tóng shì yīn wèi xuè xì bāo nèi hán de
同，是因为血细胞内含的

jīn shǔ yuán sù bù tóng de yuán gù
金属元素不同的缘故。

学习小天地

受伤之后伤口会结痂，是因为血液中的血小板聚集在伤口处凝固，防止出血过多。白血病的患者则因为缺乏血小板，一旦受了伤就难以止血，因此患者时时都要非常小心，尽量避免让自己受伤。

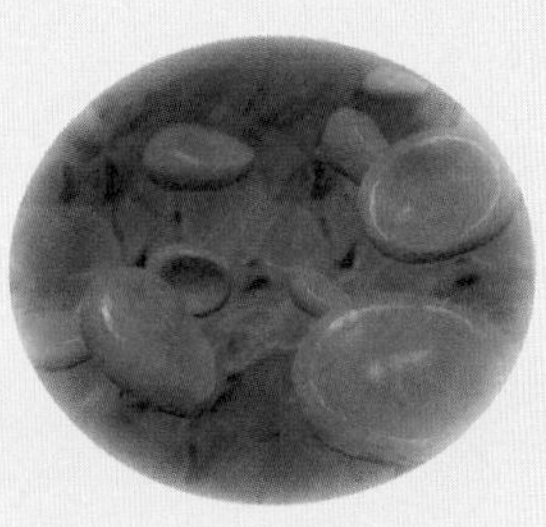

学习目标

动物的构造与功能

描述陆生及水生动物的形态及其运动方式，并知道水生动物具有适合水中生活的特殊构造。

我们受伤流血啦！
咦？你流的是蓝色的血？

为什么电鳗会发电？

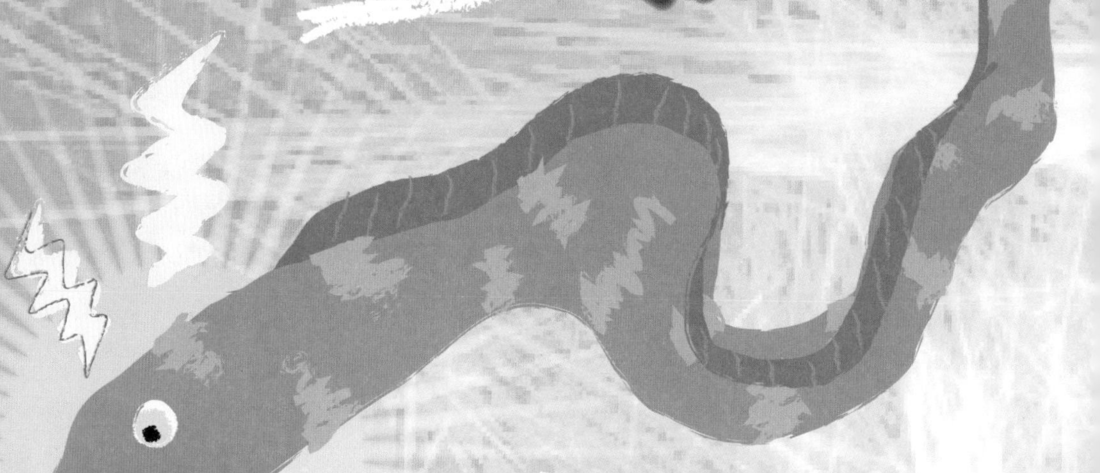

知识补给站

电鳐也会发电，它们身体中一样有称为“电板”的放电器官，肚子两边各有一块，是它们电流的来源。为什么电鳗、电鳐这些鱼类会发电呢？其实都是为了捕捉食物和防御敌人的攻击所演化出来的特殊能力。

在无奇不有的大自然中，有着会发光的动物和昆虫，也有会发电的鱼！它们就是电鳗。虽然叫电鳗，但它们实际上的生物分类比较接近鲇鱼。长长的身体没有鳞片，无数小块的肌肉组织里面有圆盘状的发电细胞。

电鳗想要发电时，它们身体里的神经系统会传达信息给大多数的发电细胞，每个发电细胞接收到信息后立即产生微小的电流，电鳗接着用自己的头跟尾巴接触目标，将所有细胞产生的电流汇聚在一起，送到目标的身上，这种电流很强大，足以把其他鱼类或人类电昏！

学习小天地

大自然里有会放电的鱼，激发人类对电池的构想与发明。电鳗以自己身体的头尾作为正、负极，身上的肌肉组织“电板”作为电解液，而电池的基本构造就是正、负极和电解液。科学家成功地做出了将正负极相连的糊状电解液，让电池得以发挥作用，并且改良得愈来愈好。

学习目标

<u>**动物的构造与功能**</u>

描述陆生及水生动物的形态及其运动方式，并知道水生动物具有适合水中生活的特殊构造。

停
Why?
鱼为什么可以停在水中不动？

难！
停

爸爸，要学鱼在水中不动，好困难！
鱼有鱼鳔，就是一个装空气的气囊，鱼通过调整里面的空气含量来维持在水中的平衡。

就像鱼体内有个小气球，把空气排出，浮力变小，鱼会往下沉；相反的，把气保留，鱼就往上浮。

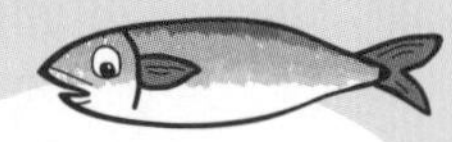

原来如此，我懂了！

知识补给站

除了控制鱼鳔内的空气外，鱼类身上的鳍也是帮助平衡的重要器官。即使不前进，鱼也会缓缓摆动尾鳍跟胸鳍，在水里保持平稳的状态。其实鱼类为了适应水中的生活环境，身体里早就进化出许多具有特殊功能的器官啰！

学习小天地

潜水艇的原理和鱼类很像！潜水艇内部有一个密闭的压舱，下潜时，海水会被导引进压舱里，等潜水艇的比重大到超过海水之后就会下沉；要浮起时，就将海水排出，比重减小，就能再度回到海面上了。无论是飞机或潜水艇，人类都从大自然中学到了很多知识！

学习目标

动物的构造与功能

描述陆生及水生动物的形态及其运动方式，并知道水生动物具有适合水中生活的特殊构造。

为什么泥鳅会吐泡泡？

“这里的烂泥巴里有泥鳅，扭啊扭的，看起来好滑溜！”泥鳅喜欢生活在农田或池塘水面下的淤泥中，当它们在泥中生活的时候，水面经常会有泡泡产生。如果把泥鳅抓到水桶里，没过多久也会冒出一堆泡泡，究竟它们为什么要吐泡泡呢？

泥鳅跟一般的鱼一样是用鳃呼吸，但是当它们在淤泥里活动时，鳃会被泥巴堵住，这时它们就会改用肠子来呼

泥鳅的食道、肠子跟肛门都是相连的，这条消化道很薄而且布满微血管，能消化食物也能呼吸。当空气进入泥鳅的嘴巴，氧气会在靠近胆壁的地方被吸收，而二氧化碳和氮气就会被排入水中。除了肠子之外，其实泥鳅也能用皮肤呼吸空气，只要身体表面有水，它们就能进行呼吸！

吸。先浮出水面吸一大口气，然后潜入泥中，将吸进的氧气吸收，并把二氧化碳由肛门排到水里，这时就会出现我们所看到的气泡了。

学习小天地

螃蟹虽是节肢动物，但是也跟鱼一样用鳃呼吸。它们的鳃中有水分，离开水里一段时间后，腮里的水分渐渐变干，这时它们会大口地深呼吸，导致水跟空气一起被呼出来，就形成白色的泡沫。这是螃蟹奋力呼吸的结果，也代表它们的身体很健康！

学习目标

动物的构造与功能

描述陆生及水生动物的形态及其运动方式，并知道水生动物具有适合水中生活的特殊构造。

鱼的视力很好吗？

妈妈，水族箱里的鱼，看得到我吗？

哇！它都看得到！

它们的晶状体又大又凸，接收各种角度的光线，视野就比人宽阔。

宽阔到连旁边跟后面都看得到？

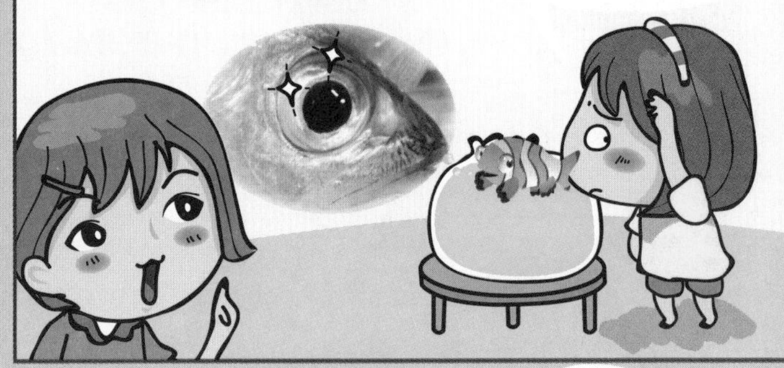

在大海里眼观四面很重要，它们的眼球凸，不用转身就能看到四面八方的东西。

看得很清楚吗？

我的晶状体弯曲度不像人类一样可以改变，所以我们都是大近视眼！

知识补给站

在中南美州有一种四眼鱼，它们的眼睛长在头顶的位置，眼珠分为上下两个部分，各有两对晶状体和瞳孔。它们通常会浮在水面，用上半部分的眼睛看水面上的昆虫；下半部分的眼睛则观察水里的情况。这是一种奇特的视觉功能。

学习小天地

眼睛是相当重要的感觉器官，简单的眼睛构造可以感受明暗，复杂的构造如昆虫的复眼，虽然看得不是很清楚，但每秒看到的画面比人多十倍，能敏锐地看到周围的环境。很难打得到苍蝇，就是因为它们的眼睛能看见四周的状况！

学习目标

动物的构造与功能

描述陆生及水生动物的形态及其运动方式，并知道水生动物具有适合水中生活的特殊构造。

海龟为什么会流眼泪？

每年到了繁殖季节，海龟妈妈会爬到沙滩上来，在沙滩上挖一个洞，之后把蛋产在里面。不过在下蛋的时候，它的眼泪却扑簌簌地流下来，为什么海龟妈妈会边流眼泪边下蛋呢？这并不是因为生蛋很痛苦，而是因为海龟们平常是吃海中的鱼虾，也喝海水来解渴，而海水的含盐量很高，为了不让这些盐分影响身体，海龟们会用眼部的一种腺体，分泌出带有盐分的泪液，把盐分排掉，那就是我们看到的眼泪了。

生物学家把这种能排泄盐分的腺体称作“盐腺”，这是让海龟可以在海里生活的重要器官。

知识补给站

大自然中，为了要保护和湿润眼睛，多数的陆生动物都拥有泪腺，也都会产生泪液。但动物们到底会不会因为开心或难过而流眼泪呢？可惜的是，这个问题可能要等到人类的科技能更进一步侦测动物的心情变化后，才有可能知道了。

学习目标

动物的构造与功能

描述陆生及水生动物的形态及其运动方式，并知道水生动物具有适合水中生活的特殊构造。

学习小天地

流眼泪是人类与生俱来的本能之一，因为人类大脑中掌管情绪的部分和泪腺相连接，情绪特别大的时候，泪腺就会产生泪液，随着泪管排出。眼泪也有保护作用，在风沙或异物跑进眼睛时，就会刺激泪腺分泌泪液，以缓和眼睛不舒服的感觉。

乌龟可以长寿万年吗？

“啊，那只巨大的乌龟已经一百多岁了！”在我们的印象里，乌龟是长寿的象征。乌龟到底可以活多久呢？根据研究，乌龟可以活到两百多岁，虽然没有千年万年这么夸张，但在动物界之中也真的是长寿的代表了。

乌龟的长寿秘诀就是“慢”，它们的生活步调几乎都是慢慢地来：行动缓慢，心脏的跳动频率不快，身体的代谢速度也不快，延长了器官老化的时间。在遇到危险或是

知识补给站

基因是生物身体里最神秘的部分之一，科学家近年来努力研究身体里的基因对生物寿命的影响，发现生物体内有一种长寿基因，在碰到环境或身体的危难与压力时，便会出来帮助生物本身度过难关，比如对抗疾病跟衰老。或许乌龟身体里的长寿基因真的很尽责，它们才能活得长长久久。

jǐn zhāng shí tā men jiù bǎ sì
紧张时，它们就把四
zhī suō huí ké li jiā shàng nài
肢缩回壳里，加上耐
jī nài kě bú yòng shí shí
饥、耐渴，不用时时
kè kè zháo jí de xún zhǎo shí
刻刻着急地寻找食
wù jiù shì zhè yàng jiǎn dān yōu
物，就是这样简单悠
zāi de shēng huó bù diào zào jiù
哉的生活步调，造就
le wū guī de chángshòu
了乌龟的长寿！

学习小天地

目前人类寿命最长的纪录是接近120岁。在医疗与科技不断进步的今天，生活和从前相比安全、舒适了许多，但是许多文明病，像肥胖、肾脏病等，就是因为生活条件变好而出现的新问题。从那些被称为“人瑞”的爷爷、奶奶们口中，我们知道长寿的秘诀是保持身心愉悦、过简单健康的生活，因此想要活得长久是需要智慧的！

学习目标

生命的共同性

观察生物成长的变化历程。

生命的多样性

认识常见的动物和植物，并知道植物由根、茎、叶、花、果实、种子组成，知道动物外形可分为头、躯干、四肢。

动物界的潜水冠军是谁？

背着氧气瓶跳进海里的潜水员可以跟鱼一起游泳，寻找躺在海底的贝壳，或是在神秘的大海里悠游，但其实潜水员们只到得了大海的一小部分，真正会潜水的高手可是另有其“鱼”，就是个头超大的抹香鲸。抹香鲸属于大型鲸鱼的一种，身长达十多米，有一个大大的头，具有动物中最大的脑，而尾巴却小小的，看起来就像是海里的大蝌蚪。有时它们可以为了找食物而潜水一两个钟头，最深可到海平面下 3000 米。它们有超大的肺活量，头上的气孔喷一次水就可以换掉身体里 85% 的空气，大尾鳍让它们 1

抹香鲸虽然肺活量很大，也像人类一样有两个鼻孔，但它们似乎是得了天生的感冒，右边的鼻孔一直有鼻塞，只能靠左边的鼻孔来换气，这是因为抹香鲸的头部在发育的过程中会往左偏斜，导致长大后的抹香鲸都会有这种现象。

fēn zhōng jiù kě yǐ jiā sù xià qián
分钟就可以加速下潜 320
mǐ yīn cǐ dòng wù jiè li de qián shuǐ
米，因此动物界里的潜水
guàn jūn fēi tā men mò shǔ le
冠军非它们莫属了！

学习小天地

潜水员们为了能在海底呼吸都会背上氧气瓶，里面是浓缩过的氧气。潜水员们可以通过面罩呼吸氧气瓶中的氧气，靠着呼吸慢慢潜入海底。但人类的潜水深度是有极限的，因为身体会受到水压的影响。目前最深可下潜到约 300 米，和抹香鲸比起来实在算是小巫见大巫。

学习目标

动物的构造与功能

知道动物的成长需要水、食物和空气。

描述陆生及水生动物的形态及其运动方式，并知道水生动物具有适合水中生活的特殊构造。

为什么鲨鱼一辈子都在换牙齿？

知识补给站

鲨鱼被电影塑造为可怕的吃人怪物，但其实它们大部分不会主动攻击人类，只有大白鲨、鼬鲨及牛鲨等的危险性比较高。有些滤食性的鲨鱼并不打猎，只张开嘴巴吞食经过的小鱼、小虾。但若是在危险的海域，还是要注意自己的安全。

学习小天地

人类出生数个月后会陆续长出乳齿，7 岁左右乳齿会开始陆续松脱，接着恒齿会长出来，数量也比乳齿稍多，到 18 岁左右或者更晚，还有可能发育出 4 颗智齿，这时，人类口腔里的牙齿才算是发育完成。不过，有的人终生都不会长智齿。

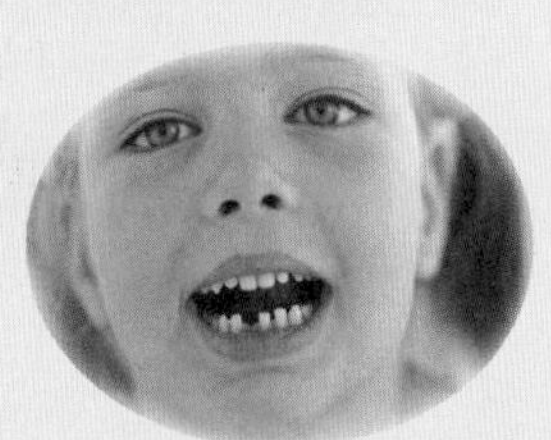

学习目标

<u>生命的共同性</u>

观察生物成长的变化历程。

化石都是由动物骨骼形成的吗？

知识补给站

琥珀是一种特殊的化石。某些古代的植物，能分泌有黏性的树脂，而树脂长时间在地层高温、高压的环境下，就形成琥珀。另外，要是树脂偶然包裹住某些昆虫，之后又形成琥珀，虽然里面的昆虫没有经过石化作用，但也算是化石。

bó wù guǎn yǒu cháng máo xiàng de huà shí zhǎn yǒu xìng qù de xiǎo péng yǒu kě yǐ qù
“博物馆有长毛象的化石展，有兴趣的小朋友可以去

kàn lou dà jiā suǒ shú zhī de huà shí bù wài hū shì mái zài dì dǐ xià jǐ wàn nián
看喽！”大家所熟知的化石，不外乎是埋在地底下几万年

de dòng wù gǔ gé zhēn zhèng huà shí de dìng yì jiù shì bǎo cún yú de céng zhōng jīng guò
的动物骨骼。真正化石的定义就是保存于地层中，经过

shí huà xíng chéng de gǔ shēng wù yí tǐ huò yí jì suǒ yǐ huà shí bù dān shì dòng wù de gǔ
石化形成的古生物遗体或遗迹。所以化石不单是动物的骨

gé zhí wù de gēn jīng yè shí huà hòu yě kě yǐ shì huà shí
骼，植物的根、茎、叶石化后也可以是化石。

zhè lèi dòng wù gǔ gé huò zhí wù bèi shí huà suǒ xíng chéng de huà shí yòu chēng wéi shí
这类动物骨骼或植物被石化所形成的化石又称为“实

tǐ huà shí lìng yī zhǒng yí jì huà shí zé shì zhǐ dòng wù zǒu guò de zú jì
体化石”，另一种“遗迹化石”则是指动物走过的足迹、

rú chóng pá guò de hén jì huò shì méi
蠕虫爬过的痕迹，或是没

yǒu gǔ gé de shēng wù shēn tǐ bèi yìn zài
有骨骼的生物身体被印在

shí tóu shang de hén jì lì rú shuǐ mǔ
石头上的痕迹，例如水母

de huà shí
的化石。

学习小天地

地底下的地层可以孕育出许多东西，除了化石，还有人类最常利用的石油也是。石油是由古代的有机物，在地层中经高温、高压而形成的，如果温度太低就无法形成石油，温度太高则会变成天然气。

学习目标

物质的形态与性质

利用物质性质或外表特征来区分物质。

观察发现物质的形态会因温度的不同而改变。

能源的开发与利用

观察日常生活中常用的燃料（例如木炭、酒精、固体酒精、汽油、天然气等）。

恐龙在地球上出现过吗？

“跑快一点啊，恐龙就跟在你后面！”电影《侏罗纪公园》里惊险刺激的情节，无论大人或小孩，从头到尾都惊叫连连。影片中的恐龙有的体形巨大、性格凶猛，有的跑得飞快，有的皮粗肉厚，但从来没有人看过它们的照片，动物园里也看不到它们，恐龙是真的存在过吗？

早在十九世纪时，生物学家就发现了它们生存过的痕迹，并且因为它们锋利的牙齿和爪子、庞大的体形，为它们取了“恐龙”这个名字。进一步的研究发现，恐龙在大约两亿三千万年前出现，

知识补给站

多数科学家认为，古代曾有大型陨石穿过大气层，直接撞上地球表面，造成超大规模的爆炸跟火灾，激起的粉尘和灰烬包覆住地球，改变了气候，动植物一时之间无法适应，纷纷死去，恐龙也就在这样的环境中灭亡。

曾经称霸了地球好长一段时间，直到约六千五百万年前全部灭绝。恐龙灭亡的真正原因，科学家仍不断地在研究，但可以确定的是，它们真的曾经生活在地球上！

学习小天地

巨大的恐龙跟可爱的小鸡可能是亲戚！科学家从进化角度将恐龙与鸟类进行比较，发现它们有许多非常相似的地方，所以目前科学家认为现代鸟类可能是恐龙的近亲，甚至是后代！

学习目标

生命的共同性

观察生物成长的变化历程。

生命的多样性

认识常见的动物和植物，并知道植物由根、茎、叶、花、果实、种子组成，知道动物外形可分为头、躯干、四肢。

恐龙去哪了？

暴龙

人体哪个部位最脏？

Why?

好痒啊！
手很脏，不要随便揉眼睛。

爸爸，手是人身上最脏的地方吗？

不是的！口腔才是，嘴巴里的微生物，在分解口中食物残渣时会发出臭味，肮脏程度绝不输厕所的地板！

好恶心！那是不是刷牙就好了？

细菌无所不在，刷牙前先用牙线清洁，然后仔细刷，再搭配漱口水，才能有健康干净的口腔！

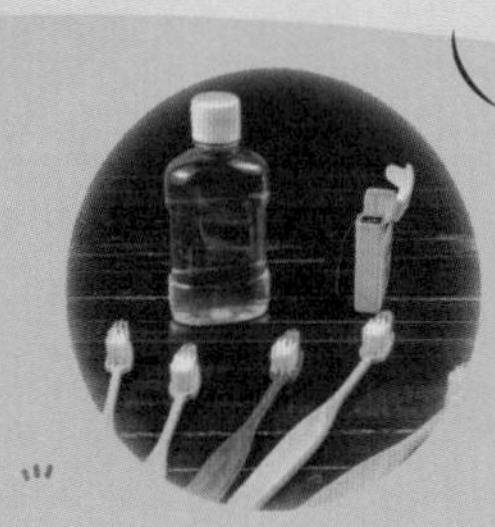

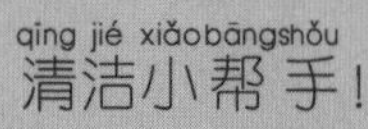

清洁小帮手！

知识补给站

肮脏的口腔和口臭有很大的关系，除了牙齿之外，记得也要轻轻地清洁舌头，舌头才不会受伤。口腔太干燥也会让口臭更严重，像长时间讲话、用嘴巴呼吸、抽烟等。适时地嚼口香糖能帮助增加唾液，让口腔湿润。

学习小天地

头皮是人体排名第二脏的地方，头皮上的微生物以头皮分泌的油脂维生，所以洗头的重点不是头发，而是头皮。多梳头发也是防止微生物寄生的好办法，可以让头皮透气通风。

学习目标

生物和环境

知道生物的生存需要水、空气、土壤、阳光、养分等。

知道生物生存需要水、阳光、空气、食物等资源，以及不同的环境有不同的生物生存。

眼睛的瞳孔为什么会放大缩小

小朋友们照镜子的时候，注意过自己眼睛里黑色的地方吗？黑色的地方就叫作“瞳孔”，仔细观察，它有时候会放大，有时候会缩小。瞳孔的放大缩小，是为了适应周围环境明暗的变化，调整进入眼睛里的光线量。当我们在比较暗的环境里，眼球前方的肌肉会放松，使瞳孔变大，让更多光线进入眼睛，看得才会比较清楚；相反的，光线太强的时候，眼球前方的肌肉会收缩，瞳孔变小，减少刺眼的光进入眼睛。

通过调节进入眼睛里的光线，可以让我们保持健康的

知识补给站

瞳孔也会老化，随着年纪愈来愈大以后，眼睛肌肉的弹性跟力量变弱，瞳孔能接收的光量会愈来愈少。老人家看东西就像戴着太阳眼镜一样，看不清楚，这就是老花眼。所以年长的家人看不清楚时，记得多帮他们的忙哟！

视觉，也不会让过度强烈的光线伤害眼睛。瞳孔就像是大门口的警卫，负责为进入眼睛的光线把关，确保眼睛的安全与健康！

学习小天地

猫咪的瞳孔有时候会眯成一条线，有时候又大又圆，为什么人类的瞳孔不会眯成一条线呢？那是因为猫咪眼睛里，控制瞳孔大小的“睫状肌”构造和人类不一样，所以猫咪跟人类的瞳孔变化才会大不同！

学习目标

生物和环境

知道生物的生存需要水、空气、土壤、阳光、养分等。

生物对环境刺激的反应与动物行为

知道环境的变化对动物和植物的影响（例如光、湿度等）。

人为什么有两个鼻孔

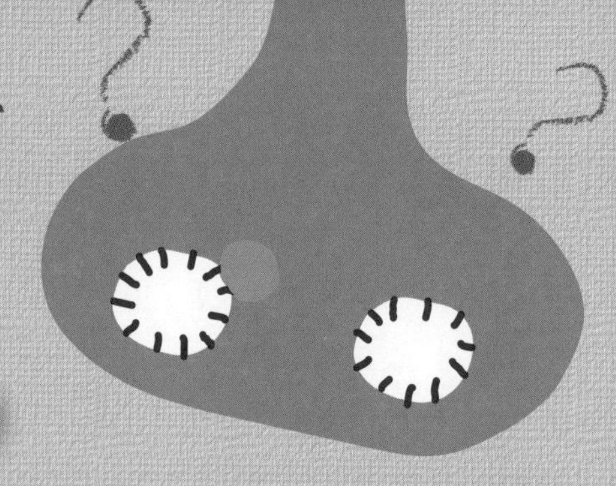

如果不小心挖鼻孔流血，爸妈会担心地说：“不要乱挖，要是两个鼻孔都挖坏怎么办呢？”鼻孔是呼吸空气的通道，身体不舒服、鼻孔塞住，呼吸会变得很困难，有时候还得改用嘴巴呼吸，不然会喘不过气来。鼻孔之间的距离这么近、长得也差不多，好像两个鼻孔没什么不同，为什么我们要有两个鼻孔呢？

科学家发现人类呼吸的时候，两个鼻孔的气流一个快、一个慢。气流速度比较快的鼻孔比较灵敏，

对大部分动物而言，两个鼻孔除了可以闻到更多种味道，还能判断味道的来源。实验研究发现，正常情况下，老鼠不到一秒钟就能判断气味的来源，但当研究人员把老鼠一边的鼻孔用棉花塞住，它就分不出方向了。

可以闻到能被鼻孔黏膜快速吸收分辨的气味；气流速度慢的鼻孔刚好相反，只能闻到比较慢才会被黏膜吸收分辨的味道。因为有两个鼻孔，我们才能分辨这么多不同的味道，可见它们都是很有用的！

学习小天地

鼻毛是呼吸道的守卫，负责把灰尘跟细菌限制在鼻孔，不让它们进入鼻腔。这些累积在鼻孔的灰尘跟细菌，会由黏膜分泌的鼻涕排出体外。要是把鼻毛都拔光，鼻孔就少了保护，黏膜也容易受伤，得不偿失。

学习目标

生物和环境

知道生物的生存需要水、空气、土壤、阳光、养分等。

动物的构造与功能

了解人体的呼吸系统。

为什么刚起床时眼屎特别多？

每天早上起床后揉揉眼睛，会发现眼角的眼屎会比较多，得赶快去卫生间洗个脸，不然这样出门的话还真不好意思。为什么早上起床以后眼屎会比较多呢？

原来，空气中充满了许多的灰尘和细菌，当这些东西跑进眼睛，眼睛就会分泌黏液和眼泪把这些脏东西包覆住，然后将它们冲到眼睛的角落，或跟眼泪一起流出眼睛外，保持眼球干净。眼屎，就是眼泪、黏液与外来物质混合后干掉的东西。睡觉时，我们一直都闭着眼睛，这些东

知识补给站

正常的眼屎是透明或浅浅的乳白色，如果是浓稠的白色或黄色，通常是因为发炎、感染、过敏或吃了太多油腻、刺激性的食物。要避免眼屎过多，除了保持清洁、不要随便用手触摸眼睛之外，吃得清淡一点也会有帮助。

西就慢慢累积在眼角，起床以后才会感觉眼屎好像特别多！

学习小天地

现代人大多长时间盯着电脑、电视或手机的屏幕，眨眼的次数减少，尤其在开着冷气的环境里，眼睛里的水分蒸发得更快，眼睛容易干涩充血，久了就会变成“干眼症”。所以一定要记得让眼睛适当地休息！

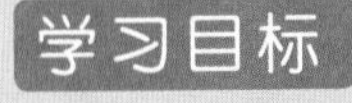

生命的共同性
观察生物成长的变化历程。

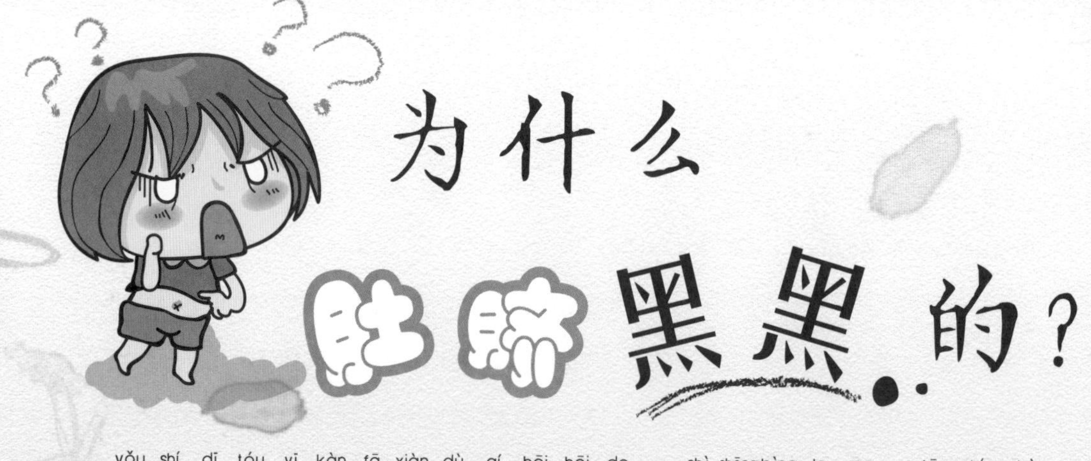

为什么肚脐黑黑的？

有时低头一看发现肚脐黑黑的，是生病了吗？通常这时妈妈会说：“别担心，洗澡的时候顺便把肚脐里清洗一下就好了！”妈妈这样说是因为黑黑的东西是肚脐里没有洗干净的污垢，跟身体其他部位一样，肚脐里也会出汗、累积污垢。但是清理肚脐里的污垢可不容易，要非常小心，才不会让肚脐脆弱的皮肤受伤。如果清理的方式太粗鲁，严重一点甚至会导致肚脐流血！

洗澡之前，可以用棉花棒沾一点凡士林，在肚脐里轻轻地画圈，慢慢地把污垢清除。等洗澡的时候，再用温水

知识补给站

常听到的凡士林其实就是“石蜡”，这种物质不会伤害人体的皮肤。虽然没有治疗的作用，但可以保护皮肤，如果冬天皮肤干裂，涂点凡士林可以隔绝干燥的空气，避免再次裂开。

或毛巾把清出来的污垢冲干净。小朋友们绝对不能用尖锐的东西挖肚脐，更不能直接用手抠，不小心流血可就不好受了！

学习小天地

人为什么有肚脐？当我们还在妈妈肚子里的时候，妈妈体内的营养就是靠脐带运送给我们；出生后脐带就用不到了，所以医生会把它剪断然后做处理。原本脐带跟我们身体连接的位置，就是所谓的肚脐眼。

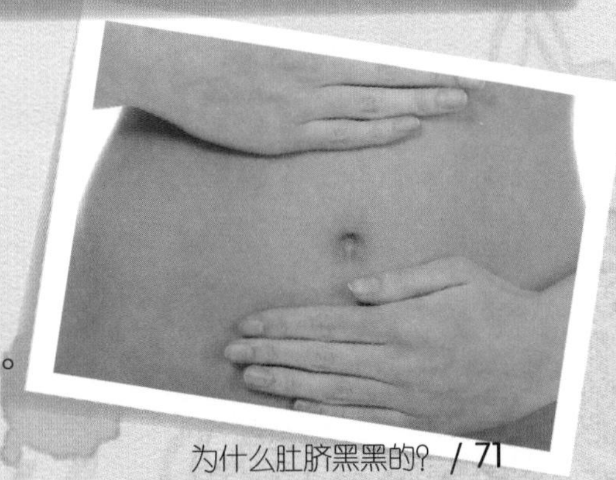

学习目标 生命的共同性

观察生物成长的变化历程。

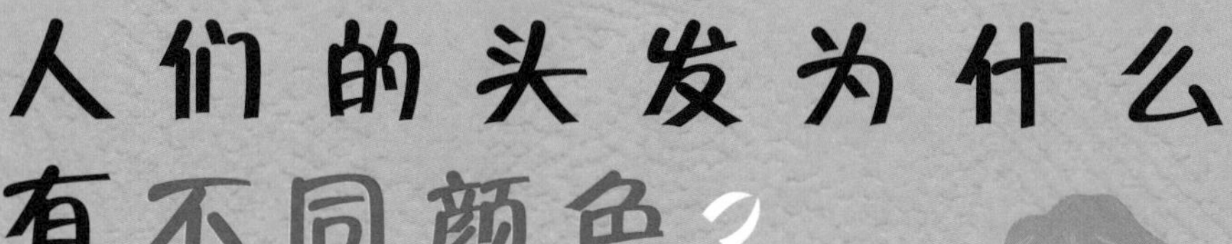

我是黄种人，我是黑头发。
我也是黄种人，但我是棕色头发。
我是白种人，我是黄头发。

知识补给站

发色和肤色都是由遗传基因决定的。黑种人身上体毛少，但头发比较粗、自然卷曲；白种人身上的体毛多，他们的头发有些是直的，有些则是波浪形的；我们亚洲黄种人，大部分的头发则是偏直的。

世界上有很多不同的人种，他们的皮肤、眼睛的颜色都不同，连头发也有不一样的颜色。小朋友们，有没有想过为什么我们的头发是黑色的呢？

头发的根部是毛囊，毛囊里面色素沉淀的颜色，就是我们头发的颜色。黑色素愈多，发色也愈深。人类分散在不同的地区，经过演化发展出不同的基因。黑色素主要能阻挡紫外线，让皮肤不会因为被阳光里的紫外线照射过度而生病。寒冷地区的阳光照射少，人体内的黑色素也少，所以白种人的头发几乎都是浅金黄色、浅棕色；在比较热的地区，黄种人、黑种人或棕色人种的头发就是深棕色或接近黑色，帮助抵挡紫外线的伤害。原来发色也能保护我们的健康呢！

学习小天地

不少男生们长大以后会为秃头的问题烦恼，因为秃头多数发生在男性身上，从头顶开始掉发、扩大；在女性身上发生的话，多数是头发渐渐稀疏，不会太明显。这是遗传造成的，也算是身体衰老的一种征兆。

学习目标 **生命的共同性**

观察生物成长的变化历程。

Why?
指甲有什么用？

yòng zhǐ jia zhuā yǎng hǎo shū fu
用指甲抓痒好舒服！
好舒服！

zhǐ jia chú le zhuā yǎng hái yǒu shén me yòng ne
指甲除了抓痒还有什么用呢？
zhǐ jia néng bǎo hù cuì ruò de shǒu zhǐ gēn jiǎo zhǐ bì miǎn zài huó dòng zhōng shòu shāng hái néng ràng wǒ men dòng qǐ lái gèng xié tiáo gèng líng huó
指甲能保护脆弱的手指跟脚趾，避免在活动中受伤，还能让我们动起来更协调、更灵活！

nà wéi shén me zhǐ jia shì fěn hóng sè de ne
那为什么指甲是粉红色的呢？
zhǐ jia xià miàn yī xiǎo kuài ròu de bù fen jiào jiǎ chuáng shàng miàn bù mǎn xì xiǎo de máo xì xuè guǎn suǒ yǐ kàn qǐ lái jiù shì fěn hóng sè de
指甲下面一小块肉的部分叫甲床，上面布满细小的毛细血管，所以看起来就是粉红色的！
毛细血管
甲床
wǒ huì hǎo hǎo zhào gù zhǐ jia de
我会好好照顾指甲的！

知识补给站

从指甲可以看出我们的健康状况：颜色改变、表面凹凸不平、出现明显的线条或裂痕，都代表身体出了问题。另外，要是不小心受到强烈撞击，指甲也有可能整片脱落。所以小朋友们平常要注意安全、保持健康的身体！

学习小天地

愈来愈多人喜欢五颜六色、还能贴上各种装饰的指甲彩绘，但有些厂商为了让指甲油颜色持久、色彩更亮丽，会加入一些有害的化学成分。太常使用指甲油而没有让指甲休息，最后可能会让指甲受伤、变色，得不偿失。

学习目标

生命的共同性

观察生物成长的变化历程。

人的頭髮一天长多长？

日常生活中到处都有美发店，市面上跟头发有关的商品更是多到数不完，可见头发对我们来说有多重要。

“设计师，快帮我把头发剪短，头发长太快，前面的刘海都快要把眼睛遮住了！”头发每天都在生长，但是你们知道它一天能增加几厘米吗？

正常来说，头发一天可以增长 0.03~0.04 厘米，一个月大概增加 1 厘米。不同的年龄和月份也会影响头发增长的速度，通常 15~30 岁之间和每年的 6~7 月，头发生长

知识补给站

一般人一天大概会掉 50~60 根头发。正常的掉发不会让人秃头，因为每天都还会长出相近数量的头发，但如果一天掉超过 100 根头发，持续 2~3 个月，或掉落的头发前端是尖的，那就是有提前掉发的迹象了。

的速度最快。另外，男生头发长得比女生快，夏天比冬天快，白天也比晚上快。自然脱落的情况下，男生头发的寿命大概是2~4年，女生是3~7年。头发也会维持一定的数量，一般人不用太担心发量的问题！

学习小天地

导致掉发的原因有很多，年纪、保养方式、洗发水成分都可能会影响。另外，反复抓头、用太烫的热水洗头、使用电吹风时离头发太近等，也都可能让头发提早掉落呢！

学习目标　<u>生命的共同性</u>

观察生物成长的变化历程。

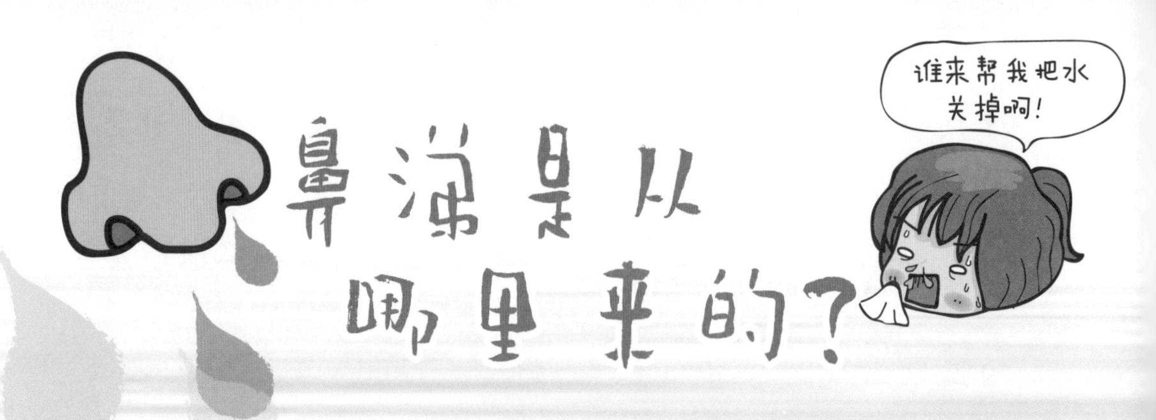

鼻涕是从哪里来的？

“真讨厌，怎么鼻涕跟打开的水龙头一样流个不停？”感冒的时候会一直流鼻涕，我们只好用卫生纸一张一张地拼命把流出来的鼻涕擦干净。这些像是流不完的鼻涕，到底是从哪里来的呢？

正常情况下，我们鼻腔的黏膜本来就会分泌少量的鼻涕来维持湿润、调节温度，而且它还有清除病毒的防御作用，但是感冒时，鼻腔黏膜因为被病毒感染，所以出现肿胀、充血的情形，黏膜会分泌过多的鼻涕，这时候鼻涕就

知识补给站

分泌鼻涕的目的是要让细菌和病毒随着鼻涕流出排掉，但多数人无法忍受流鼻涕的感觉，于是靠吃药让鼻涕的分泌量减少，没想到反而帮助细菌和病毒增长，鼻涕变黏稠，严重时还会导致鼻窦炎，所以一定要注意用药安全。

会怎么擦都擦不完。这种状况下，只能多休息，赶快把感冒治疗好，等感冒痊愈了以后，流鼻涕的状况自然就会好转了！

学习小天地

多休息、多喝水、注意保暖、保证充足的睡眠，这些都能让感冒快快好起来。除此之外，可以用“温盐水”来冲洗鼻子，清除留在鼻腔的细菌。如果要服用药物一定要遵照医师的指导，尽量不要自己随便去药店买药。

学习目标

生物对环境刺激的反应与动物行为

观察人对外界温度变化会有反应（例如低温会颤抖、高温会流汗）。

生命的共同性

观察生物成长的变化历程。

为什么狗和人这么亲密？

在许多电影中，都会描述人与狗深厚且坚定的感情，除了心灵上的陪伴之外，日常生活中有许多地方都看得到狗帮助人类的证据，例如导盲犬、缉毒犬、炸弹侦查犬、警犬等。狗为什么可以对人类这么忠诚？其实到现在也没有确定的答案。多数科学家只能确定，狗最早是经过不断的训练，才慢慢变得和人类如此亲近。有研究显示，最早的狗可能起源于1.6万年前中国的灰狼，不过这项研究目

知识补给站

世界顶尖的学术杂志《科学》曾经报导过，东亚地区的狗拥有最多样性的基因，但是这篇报导一出来就引发了学术的论文之争，后来《自然》杂志又推出一篇研究，说明狗的祖先应该是来自于中东。目前关于狗的明确起源我们还是不清楚，但可以确定的是，狗源自于亚洲。

前还在讨论中，因为还有许多人提出了不同的看法，不过不可否认的是，狗已经是人类身旁最亲近的朋友了。

学习小天地

狂犬病是人畜共患的传染病，如果被感染病毒的动物咬伤，会造成病患痉挛、精神错乱，之后出现幻觉、幻听等症状。每个患者症状程度不一，也有可能死亡。由于大脑被病毒破坏，病人的精神不稳定，可能会随机攻击人，并借由唾液传染给他人，因此帮家中的狗狗做好防疫工作是很重要的。

学习目标

生命的多样性

认识常见的动物和植物，并知道植物由根、茎、叶、花、果实、种子组成，知道动物外形可分为头、躯干、四肢。

动物的构造与功能

通过观察小动物，知道动物的一生是由出生、成长到死亡。

犀牛的角为什么与众不同？

知识补给站

犀牛尖锐的角可以长达近 1 米，受到侵犯时奋力一冲，敌人就会付出惨痛的代价。犀牛角在某些国家被视为药材，因此犀牛被人类残忍地猎杀，数量大大减少。所以大家一起来保护犀牛，拒绝猎杀！

在非洲和东南亚的草原上，有一种动物头上有一个或两个粗壮的角，你知道是什么动物吗？

那就是犀牛，不过犀牛的角和鹿、牛、羊头上的角是不一样的！后几种动物的角都是成对地长在头上，左右对称，而且跟头骨连接着。以鹿来说，繁殖季节时，公鹿为了吸引母鹿的注意而用角跟其他公鹿打架，母鹿们则因没有需求，鹿角就渐渐退化。

但犀牛不一样，它们的角没有跟头骨相连，是由一种叫“角质”的东西组成，跟人类的指甲很像。犀牛角不是用来吸引异性的装饰品，而是它们在生存演化中，用来抵抗敌人、跟敌人奋战时的武器，所以不是成对地长在头顶两侧，而是长在头部最前端！

学习小天地

成年的鹿每年会从角的根部长出一对新的角，完全长成需要好几个月的时间，生长完毕后，鹿会把角上的皮肤磨掉，角就会变得坚硬。牛虽然也有一对角，但它们的角不会每年更换，而是跟着牛一起长大。

学习目标

生命的多样性

认识常见的动物和植物，并知道植物由根、茎、叶、花、果实、种子组成，知道动物外形可分为头、躯干、四肢。

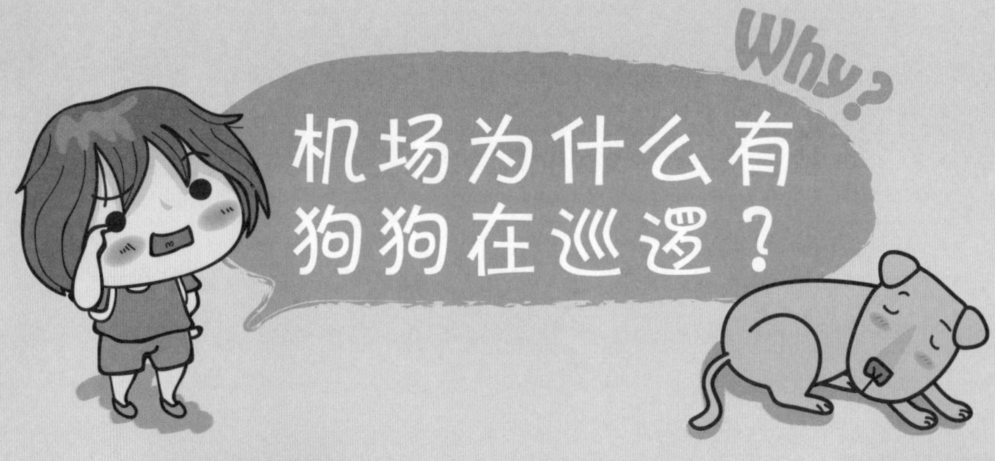
Why?
机场为什么有
狗狗在巡逻？

jī chǎng zěn me yǒu gǒu gou ne tā zài gōng zuò ma
机场怎么有狗狗呢？它在工作吗？

shì de gǒu de bí zi néng biàn rèn xǔ duō qì wèi zhǎo chū jìn zhǐ xié dài rù jìng de shí wù ér qiě tā men qīn jìn rén róng yì xùn liàn yù lái yù duō de jī chǎng huì yǒu gǒu gou xún luó
是的，狗的鼻子能辨认许多气味，找出禁止携带入境的食物，而且它们亲近人、容易训练，愈来愈多的机场会有狗狗巡逻。
OK

měi zhǒng gǒu dōu néng zài jī chǎng gōng zuò ma
每种狗都能在机场工作吗？
tōng cháng huì xuǎn mǐ gé lǔ huò shì lā bù lā duō zhè lèi gè xìng wěn dìng qīn qiē de gǒu bù huì xià dào rén lǚ kè men yě bǐ jiào kāi xīn fàng sōng
通常会选米格鲁或是拉布拉多这类个性稳定、亲切的狗，不会吓到人，旅客们也比较开心放松！

gǒu gou guǒ rán shì rén lèi de hǎo péng you
狗狗果然是人类的好朋友！

知识补给站

不同类型的工作环境，需要的狗也不同：警察执法机关多是选体形较大、看起来有威吓能力的狼犬；导盲工作多是选性格安定的拉布拉多；陪伴年纪大或生病的人，需要温驯亲近人的狗。这些狗狗的付出，让我们的世界更美好！

学习小天地

根据规定，旅客禁止携带肉类、水果、植物等违禁品入境，因为这些食物可能会把外国的病毒、细菌或害虫带进国内，所以要靠机场检疫犬灵敏的嗅觉来巡逻、检查旅客的行李。

学习目标

动物的构造与功能

描述陆生及水生动物的形态及其运动方式，并知道水生动物具有适合水中生活的特殊构造。

我是灵敏的米格鲁

狗狗工作时帅气的模样

我是温驯的拉布拉多犬

长颈鹿的脖子怎么那么长？

草原上的长颈鹿伸着长长的脖子，优雅地吃着树上的叶子，让人不禁羡慕，不用爬树就能吃到树上的叶子跟果实，视野也很棒，几乎没有死角！长颈鹿的祖先住在非洲的草原上，为了不跟其他动物抢地面的草，它们开始拉长脖子吃树上的树叶或果实。随着演化，那些伸长脖子的长颈鹿往往吃得比较多、长得比较好，经过了好几个世代，适应环境的长颈鹿就慢慢演变成长脖子的动物了。

长颈鹿是世界上最高的动物，可以长高到超过5米。长颈鹿宝宝刚生下来就已经有将近2米高，比大部分的成年人还高大，真是动物界里的巨人！

知识补给站

因为通常水源都在比较低的地方，所以喝水的时候长颈鹿只能尽量伸展双脚，把头压低。但其实它们很耐渴，可以好几个月不喝水，只靠吃植物的果子来补充水分，这样才能适应在非洲干燥地区的生活。

学习小天地

生存在约两亿年前的长颈龙，体长约 6 米，脖子占了 3 米。这么长的脖子，加上发现化石的地点多在水边，于是科学家推测它们可能是两栖的恐龙。至于有关它们更详细的生活方式，科学家还要进一步研究。

学习目标

<u>生命的多样性</u>

认识常见的动物和植物，并知道植物由根、茎、叶、花、果实、种子组成，知道动物外形可分为头、躯干、四肢。

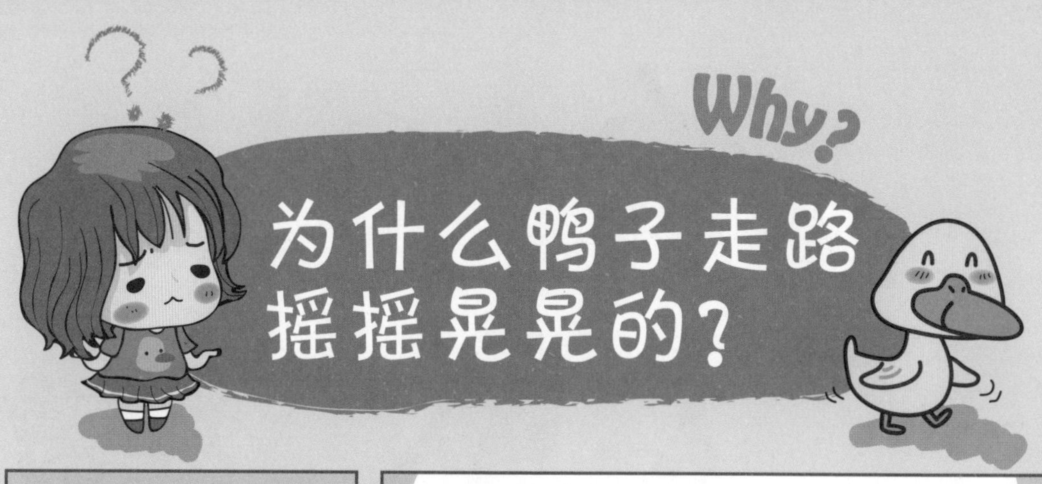
Why?
为什么鸭子走路摇摇晃晃的？

为什么鸭子走路会摇摇摆摆呢？看起来好可爱呀！

鸭子的腿靠近屁股，可以游得很快，但走路跟游泳不一样，为了不跌倒，鸭子会往后仰，配上短短的腿，走起路来就摇摇晃晃的。

那在水里它们是怎么游泳的？
它们的脚趾之间有蹼，方便它们在水中滑水，快速前进！

我走路的样子很有趣吧！

知识补给站

人类饲养的鸭子体形比较大，产卵的量也比野生的鸭子多。被饲养的鸭子因为一直生长在固定的区域里，它们渐渐地失去了随季节迁徙的天性，也就不会像野生的鸭子一样到处自由地飞翔。

学习小天地

冬天时，鸭子在水里不会冻僵，它们会用嘴啄尾巴，把尾巴上的油脂沾在嘴上，然后用油擦拭羽毛，羽毛就不容易被水沾湿，能够保暖，而且游泳滑水也会产生热量，这些就是它们度过冬天的好办法！

学习目标

动物的构造与功能

描述陆生及水生动物的形态及其运动方式，并知道水生动物具有适合水中生活的特殊构造。

乌鸦都是黑色的吗？

“嘎、嘎、嘎！主人，有入侵者！”恐怖片或有关吸血鬼的电影里，常会看到黑色的乌鸦和主角一起出现。低沉的叫声搭配阴森的形象，让人觉得很恐怖。不过现实生活中，真的所有的乌鸦都是黑色的吗？其实不是，有些乌鸦有白色的羽毛。

其实乌鸦有许多不同的种类，它们羽毛的颜色跟分布的区域都不大一样，有些胸前的羽毛是白色的，有些则是背上的羽毛是白色的。长期以来，科学家经过很多

知识补给站

大部分的乌鸦因为有黑漆漆的外表和沙哑的叫声，所以会让人产生不好的联想，觉得乌鸦出现一定会有坏事发生，许多国家也都把乌鸦当成厄运的象征，不过在英国跟日本，乌鸦是吉祥、好运的代表！

实验证明，在所有鸟类的世界里，乌鸦是最聪明的一种，它们的智商大概跟5~7岁的小朋友差不多，不但懂得如何利用工具来解决问题，还能进行简单的推理。看起来普通的乌鸦，其实可是很厉害的呢！

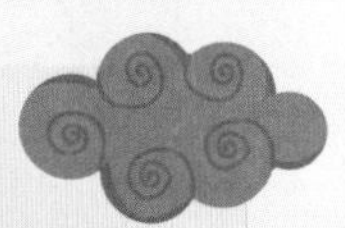

学习小天地

乌鸦的智商很高，也喜欢欣赏、收集一些亮晶晶的小东西，只要是搬得动的，它们都会毫不犹豫地用嘴叼或是用爪子搬回鸟巢里。在求偶期，雄鸟也会利用这些小东西来吸引雌鸟的注意。

学习目标

<u>生命的多样性</u>

认识常见的动物和植物，并知道植物由根、茎、叶、花、果实、种子组成，知道动物外形可分为头、躯干、四肢。

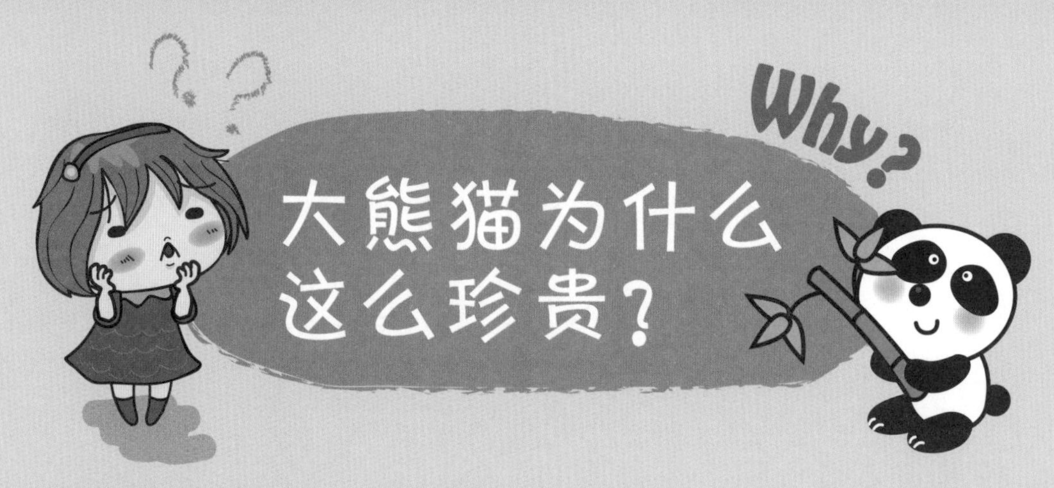
Why?
大熊猫为什么这么珍贵？

大熊猫身体圆滚滚的，走起路来左右摇晃，爱吃又顽皮，不管到哪都人见人爱！

野生大熊猫的数量大概剩1000只，快要濒临绝种，全世界都努力地保护它们，它们非常珍贵！
怎么会这么少呢？

大熊猫生养宝宝很困难，竹子枯了它们也会饿死，人类又大量破坏森林让它们无家可归，所以它们愈来愈少了。

要好好保护我们！

知识补给站

大熊猫体内没有可以帮助其消化竹子纤维、吸收养分的细菌，而且竹子热量很低，所以为了少消耗一点能量，大熊猫每天不是吃就是睡。它们每天大概花 13.5 小时觅食，10 小时休息，剩下的 0.5 小时玩乐。

学习小天地

野生的大熊猫除了吃竹子之外，有时候也会吃草、果子、昆虫，甚至吃一些小型动物。但大熊猫其实不太喜欢吃肉，科学家发现它们体内有种基因不能正常运作，所以吃不出肉的鲜甜，久了也就不爱吃啰！

学习目标

动物的构造与功能

描述陆生及水生动物的形态及其运动方式，并知道水生动物具有适合水中生活的特殊构造。

哺乳动物的眼睛长在哪里呢？

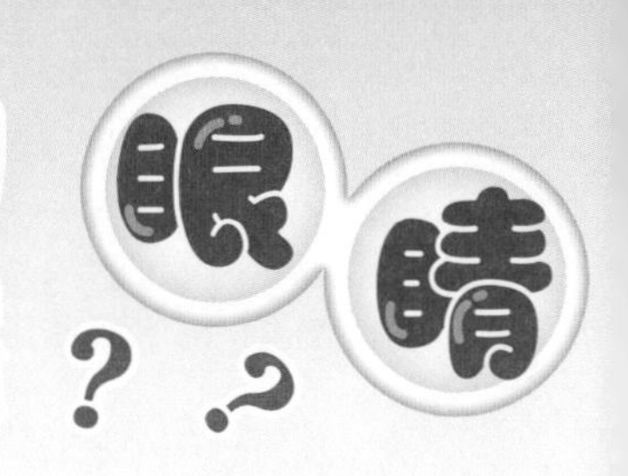

qīn ài de xiǎo wǔ gē ge wǒ zài guàng dòng wù yuán shí fā xiàn dòng wù men yǎn
亲爱的小伍哥哥，我在逛动物园时，发现动物们眼
jing de wèi zhì hǎo xiàng bù tài yī yàng wèi shén me ne
睛的位置好像不太一样！为什么呢？

xiǎo péng yǒu zhī dào wèi shén me dòng wù de yǎn jing zhǎng de wèi zhì dōu bù tóng ma
小朋友知道为什么动物的眼睛长的位置都不同吗？
yǒu de zhǎng zài tóu de qián miàn yǒu de zhǎng zài liǎng biān ne qí shí zhè shì gēn jù bù
有的长在头的前面，有的长在两边呢？其实这是根据不
tóng xū qiú yǎn biàn chū lái de ròu shí xìng dòng wù wèi le liè bǔ dòng wù xū yào néng
同需求演变出来的。肉食性动物为了猎捕动物，需要能
zhǔn què pàn duàn zì jǐ gēn liè wù de jù lí suǒ yǐ yǎn jing dà duō zhǎng zài tóu de zhèng
准确判断自己跟猎物的距离，所以眼睛大多长在头的正
qián fāng jiāo jù bǐ jiào qīng chǔ ér dà bù fen cǎo shí xìng dòng wù de yǎn jing zé zhǎng
前方，焦距比较清楚。而大部分草食性动物的眼睛则长
zài tóu de liǎng cè yīn wèi zhè yàng tā men cái néng guān chá lái zì sì miàn bā fāng de dòng
在头的两侧，因为这样它们才能观察来自四面八方的动
wù gōng jī kàn zhǔn shí jī táo pǎo
物攻击，看准时机逃跑！

知识补给站

在草食性动物的世界里，马可以说是眼睛最大、视野最宽广的，几乎 360 度范围内的东西都能看见，没有视觉死角；加上马的腿又长又有力，跑起来快极了，算是草原动物里的佼佼者呢！

学习小天地

生活在黑暗或微光里的哺乳动物，眼睛的帮助不大，它们通常是靠嗅觉、触觉或听觉来辨认方向。像生活在洞穴里的蝙蝠，有一套特殊的定位系统，能利用声音反射回来的速度来判断位置，很厉害吧！

嗯！好像真的不一样。

学习目标

生命的多样性

认识常见的动物和植物，并知道植物由根、茎、叶、花、果实、种子组成，知道动物外形可分为头、躯干、四肢。

大象的祖先也有长鼻子吗？？

dòng wù yuán li yǒu xǔ xǔ duō duō de dòng wù qí zhōng yǒu yī zhǒng dòng wù shēn cái
动物园里有许许多多的动物，其中有一种动物身材
zhuàng shuò yòu gāo dà hái yǒu xiàng shàn zi de dà ěr duo yǐ jí cháng cháng de bí zi shuǎi
壮硕又高大，还有像扇子的大耳朵以及长长的鼻子，甩
ya shuǎi zhēn yǒu qù nà jiù shì dà xiàng
呀甩真有趣——那就是大象。

gēn jù kē xué jiā yán jiū zài āi jí céng fā xiàn dà xiàng de shǐ zǔ tǐ xíng
根据科学家研究，在埃及曾发现大象的始祖，体形
dà yuē gēn zhū chà bu duō dà xiǎo ér qiě tā men bìng méi yǒu cháng cháng de bí zi zhǐ
大约跟猪差不多大小，而且它们并没有长长的鼻子，只
yǒu gēn bí kǒng xiāng lián de hòu hòu de shàng zuǐ chún yě méi yǒu cháng cháng de xiàng yá xíng
有跟鼻孔相连的厚厚的上嘴唇，也没有长长的象牙，行
dòng màn tūn tūn de ér xiàn zài dà xiàng de mú yàng dōu
动慢吞吞的。而现在大象的模样都
shì màn màn yǎn huà cái xíng chéng de
是慢慢演化才形成的！

大象有长长的鼻子是因为它们的身体随着演化愈来愈高大，离地面愈来愈远，为了要觅食跟生存，大象的鼻子就慢慢演化增长，这样大象才能获取地面上的食物或是喝到水，这些都是为了生活上的需要。

学习小天地

大象是目前陆地上最大的哺乳动物，象妈妈的怀孕时间也是哺乳动物中最久的，要将近两年。刚出生的象宝宝体重就能达到 100 千克，可以说是动物中的大块头，大自然的演化真是一件神奇的事！

学习目标

动物的构造与功能

描述陆生及水生动物的形态及其运动方式，并知道水生动物具有适合水中生活的特殊构造。

生命的多样性

认识常见的动物和植物，并知道植物由根、茎、叶、花、果实、种子组成，知道动物外形可分为头、躯干、四肢。

马为什么站着睡觉？

假日马场里有许许多多的人正在骑马，马儿在马场上快乐地奔驰着，小岚突然注意到旁边马厩里有几匹马，正闭着眼睛在休息。咦，马在睡觉吗？那马为什么要站着睡啊？躺着不是比较舒服吗？

其实马会站着睡觉是因为怕凶猛的动物趁它们睡觉时偷袭它们，站着就能节省时间、迅速逃跑，这样才能保命。所以马跟同伴都一起站着睡，但是它们不会全部同时睡，至少有一匹马会醒着，发现危险就互相通知，保护大家的安全。所以马跟士兵一样懂得站岗保护同伴。

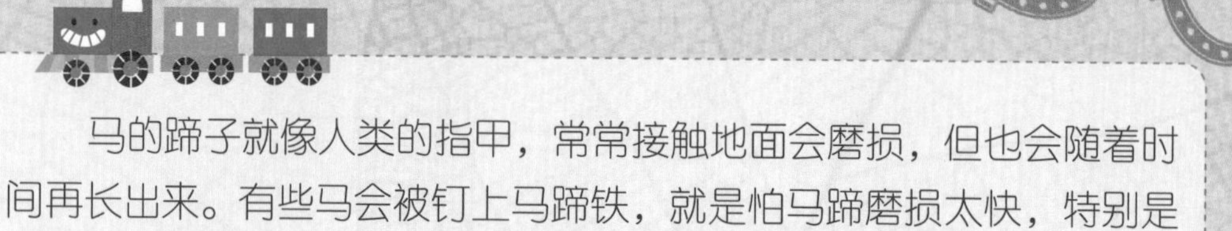

马的蹄子就像人类的指甲，常常接触地面会磨损，但也会随着时间再长出来。有些马会被钉上马蹄铁，就是怕马蹄磨损太快，特别是常运动或需要工作的马，马蹄铁就像它们的鞋子一样。

学习小天地

西方人认为马是一种活力的象征，在古代马常被当成人类的交通工具或是用来拉车。我国早期农业社会中最常见的动物则是牛，用它来拉犁耕田，对我们的生活有非常大的贡献！

学习目标

<u>**动物的构造与功能**</u>

描述陆生及水生动物的形态及其运动方式，并知道水生动物具有适合水中生活的特殊构造。

动物为什么长尾巴?

小岚家的猫咪灵活又轻巧地跳上了柜子。

小猫咪好厉害，可以跳上比它还高的柜子却不会跌倒。

这是因为尾巴的帮忙，猫咪才可以维持良好的平衡感。

尾巴跟平衡感有什么关系呢?

猫咪的尾巴就像马戏团走钢丝特技员用的平衡杆，可以让猫咪随时跳来跳去保持平衡。

没想到猫咪的尾巴还有这种功用呢!

知识补给站

大自然当中许多动物都有尾巴，功能也都不大相同。猫咪的尾巴可以使它平衡感十足；猴子的尾巴可以让它灵巧地挂在树上不会掉下来；鱼儿的尾鳍可以让它在水中悠游自在。

学习小天地

小朋友知道吗？不是只有动物有尾巴哟！我们常常会看到的飞机，机身上也有类似尾巴的构造，我们把它叫作“尾翼”。和动物一样，尾翼可以让飞机在空中平衡，看来大自然的智慧也为人类的科技发展带来许多启示呢！

学习目标 <u>**动物的构造与功能**</u>

描述陆生及水生动物的形态及其运动方式，并知道水生动物具有适合水中生活的特殊构造。

为什么五色鸟又叫作花和尚呢?

知识补给站

五色鸟的身体主要是绿色，所以在树林里不容易被发现。它们喜欢在枯掉的树干上啄洞筑巢，还懂得选择不会被阳光直接照射、雨天不会淹水的地方来筑巢，是不是很聪明呢？

学习小天地

五色鸟跟啄木鸟主要不同的地方在于：啄木鸟大多在树干里面找食物，而五色鸟是杂食性，吃的东西种类很多。例如：木瓜成熟的时候，常能看到五色鸟在木瓜树上吃得津津有味。所以它另外一个绰号就是“木瓜鸟”。

好像呀！

学习目标 <u>动物的构造与功能</u>

描述陆生及水生动物的形态及其运动方式，并知道水生动物具有适合水中生活的特殊构造。

为什么蜗牛要背着壳走？

下过雨后，常在路边看到背着大壳的蜗牛爬呀爬呀的，不管往哪边爬它们的速度都好慢好慢，连蚂蚁都走得比它们快呢！小朋友们知道为什么蜗牛要背着那么大的壳到处走吗？如果把壳拿掉，它们会不会爬得快一点呢？

蜗牛一生下来就有壳了，硬壳是蜗牛非常重要的构造，可以保护蜗牛柔软的身体，避免水分散失，而且也是它们遮风避雨的好地方。对蜗牛来说，壳就等于它们的房子，当然要随时把壳背着走！

大部分的蜗牛壳是以螺旋形的方式生长，一层一层地增加。在蜗牛的成长过程中，不同时期壳的生长速度也不同，每种蜗牛都有自己特定的壳，所以我们能依照不同的壳来分类、分辨不同的蜗牛。

失去壳的蜗牛，用不了多久身体就会干燥僵硬，或被其他动物攻击而死亡。蜗牛的壳会随着身体一起长大、变得坚硬，要是不小心撞破了，只要范围不大，蜗牛的身体会自行分泌物质来修补，但如果破洞太大，蜗牛还是会死掉的！

学习小天地

蜗牛没有耳朵，听不见声音，它们是利用身体感受周围地面震动的轻重大小，判断附近物体的移动。另外，蜗牛的视力也不是很好，它们只能大概看出前方有没有东西挡住，或是分辨明亮与黑暗。

学习目标

动物的构造与功能

描述陆生及水生动物的形态及其运动方式，并知道水生动物具有适合水中生活的特殊构造。

为什么河马喜欢泡在水里？

逛动物园时，会看到河马们喜欢聚在一起，悠哉地泡在水里休息，看起来好舒服呀！小朋友你知道河马为什么要一直泡在水里吗？而这么长时间泡在水里，为什么也不会一不小心睡着就溺水呢？

其实河马泡在水里可以减少皮肤被晒伤导致干裂的问题，在水里也能避免被陆地上的猎食动物攻击，比较安全。而河马虽然长时间

知识补给站

河马体形庞大，有些大河马的体重甚至可能重达好几百千克，因此平时它们在陆地上行走的速度不快，看起来很笨拙。不过当河马遇到危险，或是小河马需要保护时，它们全力跑起来的速度还是很快，而且会把猎食动物们给赶跑！

pào zài shuǐ li tā hái shi huì lù
泡在水里，它还是会露

chū bí kǒng zài shuǐ miàn shang hū xī
出鼻孔在水面上呼吸。

tā de yǎn ěr bí yě dōu yǒu
它的眼、耳、鼻也都有

tè shū de fāng shì gé jué shuǐ fèn
特殊的方式隔绝水分，

suǒ yǐ hé mǎ bù huì nì shuǐ
所以河马不会溺水。

学习小天地

在非洲的大河里，常可以看见河马跟鳄鱼各占据一边，通常它们都会安分地待在自己的区域，不用互相攻击。这主要是因为它们彼此很清楚，以它们庞大的身形与力气，相互攻击后的下场通常死伤惨重，因此为了保命，双方会尽力维持和平。

学习目标

动物的构造与功能

描述陆生及水生动物的形态及其运动方式，并知道水生动物具有适合水中生活的特殊构造。

大展身手学习单

姓名：____________

动物运动大会

一年一度的动物运动大会即将来临！但是有些动物不知道应该参加哪项比赛，小朋友们，可以帮它们报名吗？

① 马

② 狗

③ 乌鸦

④ 鲸鱼

⑤ 鲨鱼

⑥ 五色鸟

游泳：____________

赛跑：____________

飞行：____________

我学到了什么：____________

大展身手学习单

姓名：______________

动物特征比一比

小朋友，你知道以下动物的特征有什么不同吗？请将编号写在空格中。

1 河马　2 大象　3 螃蟹　4 鲸鱼

5 鸭子　6 乌鸦　7 鱼　8 啄木鸟

动物的特征	符合特征的动物
有 2 只脚	
有 4 只脚	
有 8 只脚	
有翅膀	
有鳍	

我学到了什么：______________________________

大展身手学习单

姓名：________________

动物运动大会解答

一年一度的动物运动大会即将来临！但是有些动物不知道应该参加哪项比赛，小朋友们，可以帮它们报名吗？

1 马

2 狗

3 乌鸦

4 鲸鱼

5 鲨鱼

6 五色鸟

游泳：④ ⑤

赛跑：① ②

飞行：③ ⑥

大展身手学习单

姓名：______________

动物特征比一比解答

小朋友，你知道以下动物的特征有什么不同吗？请将编号写在空格中。

动物的特征	符合特征的动物
有 2 只脚	⑤ ⑥ ⑧
有 4 只脚	① ②
有 8 只脚	③
有翅膀	⑤ ⑥ ⑧
有鳍	④ ⑦

图书在版编目（CIP）数据

顽皮动物的奇妙世界 / 学习树研究发展总部编著.
—福州：福建科学技术出版社，2019.1
ISBN 978-7-5335-5668-6

Ⅰ.①顽… Ⅱ.①学… Ⅲ.①动物－少儿读物
Ⅳ.①Q95-49

中国版本图书馆CIP数据核字（2018）第196817号

书　　名　顽皮动物的奇妙世界
编　　著　学习树研究发展总部
出版发行　福建科学技术出版社
社　　址　福州市东水路76号（邮编350001）
网　　址　www.fjstp.com
经　　销　福建新华发行（集团）有限责任公司
印　　刷　福州华悦印务有限公司
开　　本　700毫米×1000毫米　1/16
印　　张　7
图　　文　112码
版　　次　2019年1月第1版
印　　次　2019年1月第1次印刷
书　　号　ISBN 978-7-5335-5668-6
定　　价　25.00元

书中如有印装质量问题，可直接向本社调换